新型职业农民培育系列教材

生猪规模生产与猪场经营

蔡志斌　伍均锋　王伟华　主编

中国农业科学技术出版社

图书在版编目（CIP）数据

生猪规模生产与猪场经营／蔡志斌，伍均锋，王伟华主编 .—北京：中国农业科学技术出版社，2017.5

ISBN 978-7-5116-3041-4

Ⅰ.①生… Ⅱ.①蔡…②伍…③王… Ⅲ.①养猪学②养猪场-经营管理 Ⅳ.①S828

中国版本图书馆 CIP 数据核字（2017）第 080901 号

责任编辑	白姗姗
责任校对	贾海霞
出 版 者	中国农业科学技术出版社
	北京市中关村南大街 12 号　邮编：100081
电　　话	（010）82106638（编辑室）　（010）82109702（发行部）
	（010）82109709（读者服务部）
传　　真	（010）82106650
网　　址	http://www.castp.cn
经 销 者	各地新华书店
印 刷 者	北京富泰印刷有限责任公司
开　　本	850 mm×1 168 mm　1/32
印　　张	6.25
字　　数	151 千字
版　　次	2017 年 5 月第 1 版　2017 年 5 月第 1 次印刷
定　　价	28.90 元

版权所有·翻印必究

《生猪规模生产与猪场经营》编委会

主　编： 蔡志斌　伍均锋　王伟华
副主编： 贾明祥　李伟勋　张凤霞　应小红
　　　　　郑玉湄　巩俊明　陈小花　徐　明
　　　　　梁友德　毛颖红　雷元兴　曾少华
　　　　　古　磊　唐兵才　王晓明　苏　亮
　　　　　王　瑞
编　委： 胡海建　黄灿山　栾丽培　王　娇
　　　　　郑文艳

前　言

未来 10 年，随着中国人口复合增长率与城镇化率的双重增长，养猪业将进入黄金 10 年，猪肉需求的复合增长率预计在 2%～3%。"猪粮安天下"，养猪业已经成为中国农业与农村经济的重要组成部分，生猪产业的发展与升级，对于满足国内日益增长的消费需求具有重大的现实意义，同时对全球农产品和肉类生产、加工、经营及食品安全等具有深远的影响。所以，必须从行业与国家发展的战略高度，重视养猪业在国民经济与居民生活中的作用，保障养猪业的健康、可持续发展，推动我国从养猪大国走向养猪强国。

本书分为 8 章，主要介绍了猪场选址及建设、猪品种与繁殖、饲料配制及使用、饲养管理、猪群保健与疾病防控、猪场环境控制、猪场设备操作与维护、猪场经营管理等方面内容。

本书围绕大力培育新型职业农民，以满足职业农民朋友生产中的需求。重点介绍了生猪生产的基础知识。书中语言通俗易懂，技术深入浅出，实用性强，适合广大新型职业农民、基层农技人员学习参考。

编　者

2017 年 3 月

目　　录

第一章　猪场选址及建设 ……………………………………（1）
　第一节　猪场场址的选择 …………………………………（1）
　第二节　猪场规划设计 ……………………………………（3）
　第三节　猪场的建设 ………………………………………（6）
第二章　猪品种与繁殖 ………………………………………（13）
　第一节　不同品种猪的体形、外貌和生产性能特点
　　　　　………………………………………………………（13）
　第二节　确定合适的杂交模式 ……………………………（35）
　第三节　繁殖技术 …………………………………………（44）
　第四节　挑选优良的种猪、商品仔猪 ……………………（53）
第三章　饲料配制及使用 ……………………………………（56）
　第一节　不同生产阶段猪的营养需要特点 ………………（56）
　第二节　消化与吸收 ………………………………………（58）
　第三节　饲料原料及主要营养成分 ………………………（61）
　第四节　猪的日粮配合 ……………………………………（69）
　第五节　饲料选购及配制 …………………………………（76）
第四章　饲养管理 ……………………………………………（80）
　第一节　猪场管理的基本知识 ……………………………（80）
　第二节　种公猪的管理 ……………………………………（84）
　第三节　后备、空怀母猪饲养管理 ………………………（85）

第四节　妊娠、哺乳、断奶母猪饲养管理 …………… (87)
　　第五节　哺乳仔猪、生长肥育猪管理 ………………… (90)
第五章　猪群保健与疾病防控 ……………………………… (96)
　　第一节　猪群健康与健康管理 ………………………… (96)
　　第二节　生物性病因防疫措施 ………………………… (99)
　　第三节　主要疾病针对性防控 ………………………… (108)
　　第四节　安全用药和药品保管 ………………………… (145)
　　第五节　病死猪处理及隔离制度 ……………………… (152)
第六章　猪场环境控制 ……………………………………… (160)
　　第一节　环境与养猪生产的相互作用 ………………… (160)
　　第二节　猪舍的日常清洁 ……………………………… (161)
　　第三节　猪舍温度、湿度控制 ………………………… (162)
　　第四节　粪污处理 ……………………………………… (165)
第七章　猪场设备操作与维护 ……………………………… (167)
　　第一节　喂料、饮水及消毒器具的操作及维护 ……… (167)
　　第二节　计量及运输设备的操作及维护 ……………… (173)
　　第三节　饲料加工设备的操作及维护 ………………… (174)
　　第四节　温控设备的操作及维护 ……………………… (175)
第八章　猪场经营管理 ……………………………………… (176)
　　第一节　生产计划及规章制度的建立 ………………… (176)
　　第二节　档案的建立与管理 …………………………… (177)
　　第三节　生猪产业政策与生产补贴 …………………… (178)
　　第四节　成本核算与效益化生产 ……………………… (181)
　　第五节　市场预测和销售 ……………………………… (185)
主要参考文献 ………………………………………………… (191)

第一章 猪场选址及建设

第一节 猪场场址的选择

根据养殖规模,综合考虑今后发展余地,确定猪场建筑面积。面积确定后,再选择场址。场址的选择应根据节约用地、不占良田、不占或少占耕地的原则,考虑场地的地形地势、水源、土壤、当地气候等自然条件,同时应考虑饲料及能源供应、交通运输、产品销售,与周围工厂、居民点及其他畜牧场的距离,当地农业生产、猪场粪污处理等社会条件,需要周密计划、事先勘察,才能选好场址。

一、面积

猪场一般分为生产区、管理区、生活区、隔离区。地形要求开阔整齐,有足够的面积。猪场生产区面积一般可按繁殖母猪每头45~50平方米或商品育肥猪每头3~4平方米考虑,同时把管理和生活区都考虑进去,并留有余地,计划出建场所需占地面积。

二、地形地势

猪场地势要求较高、干燥、平坦、背风向阳、有缓坡,同时要地下水位低,土壤通透性好。地势低洼的场地易积水潮湿,夏季通风不良,空气闷热,而冬季则阴冷。有缓坡的场地便于排水，但坡度不能过大，以免造成场内运输不便，坡度应小于25°。

三、防疫

距主要交通干线公路、铁路要尽量远一些，距居民区和其他畜牧场至少2千米以上，既要考虑猪场本身防疫，又要考虑猪场对居民区的影响。

四、交通

选择场址时既要求交通方便，又要求与交通干线保持适当的距离。但因猪场的防疫需要和对周围环境的污染考虑，不可太靠近主要交通干道，最好离主要干道400米以上。如果有围墙、河流、林带等屏障，则距离可适当缩短些。禁止在旅游区及工业污染严重的地区建场。

五、供电

距电源近，节省输变电开支，供电稳定，少停电。

六、水源

规划猪场前先勘探，水源是选场址的先决条件。猪场水源要求水量充足、水质良好，便于取用和进行卫生防护，并易于净化和消毒。水源水量必须满足场内生活用水、猪只饮用及饲养管理用水的要求。

七、排污与环保

猪场周围有农田、果园，并便于自流，就地消耗大部或全部粪水最理想。否则需把排污处理和环境保护做重要问题规划，特别是不能污染地下水和地表水源、河流。

第一章　猪场选址及建设

第二节　猪场规划设计

场地选定后,须根据有利防疫、改善场区小气候、方便饲养管理、节约用地等原则,考虑当地气候、风向、场地的地形地势、猪场各种建筑物和设施的尺寸及功能关系,规划全场道路、排水系统、场区绿化等,安排各功能区的位置及每种建筑物和设施的朝向、位置。

一、场地规划

猪场一般可分为四大功能区,即隔离区、生产区、管理区、生活区。为便于防疫和安全生产,应根据当地全年主风向和场址地势,顺序安排以上各区。

二、建筑物布局

猪场建筑物的布局在于正确安排各种建筑物的位置、朝向、间距,布局时需考虑各建筑物间的关系、卫生防疫、通风、采光、防火、节约占地等。生活区与生产管理区和场外联系密切,为保障猪群防疫,宜设在猪场大门附近。门口分别设行人、车辆消毒池,两侧为值班室和更衣室。生产区各猪舍的位置考虑配种、转群等联系方便,并注意卫生防疫,种猪、仔猪应置于上风向和地势高处。繁殖猪舍、分娩舍应放在较好的位置,分娩舍要靠近繁殖猪舍,又要接近仔猪保育舍,生长猪舍靠近育肥舍,育肥舍设在下风向。商品猪置于离场门或围墙近处,围墙内侧设装猪台,运输车辆停在墙外装车。病猪隔离区和粪污处理应置于全场最下风向和地势最低处,距生产区应保持 50 米以上的距离。

道路对生产活动正常进行、对卫生防疫及提高工作效率起着重要的作用。场内道路应净、污分道,互不交叉,出入口分开。净道的功能是人行和饲料、产品的运输；污道为运输粪便、病猪和废弃设备的专用道。

绿化不仅美化环境，净化空气，也可以防暑、防寒，改善猪场的小气候，同时还可以减弱噪声，促进安全生产，从而提高经济效益。因此在进行猪场总体布局时，一定要考虑和安排好绿化。

三、猪场总体布局

规模猪场在总体布局上至少应包括生产区、生产辅助区、管理与生活区。

（一）生产区

包括各种猪舍、消毒室（更衣、洗澡、消毒）、消毒池、药房、兽医室、病死猪处理室、出猪台、值班室、隔离舍、粪便处理区等。

生产区包括各类猪舍和生产设施，这是猪场中的主要建筑区，一般建筑面积占全场总建筑面积的 70%~80%。种猪舍要求与其他猪舍隔开，形成种猪区。种猪区应设在人流较少和猪场的上风向，种公猪在种猪区的上风向，防止母猪的气味对公猪形成不良刺激，同时可利用公猪的气味刺激母猪发情。分娩舍既要靠近妊娠舍，又要接近保育舍。育肥猪舍应设在下风向，且离出猪台较近。在设计时，使猪舍方向与当地夏季主导风向成 30°~60°，使每排猪舍在夏季得到最佳的通风条件。

病猪隔离间及粪便堆存处这些建筑物应远离生产区，设在下风向、地势较低的地方，以免影响生产猪群。

兽医室应设在生产区内，只对区内开门，为便于病猪处理，通常设在下风方向。

总之，应根据当地的自然条件，充分利用有利因素，从而在布局上做到对生产最为有利。在生产区的入口处，应设专门的消毒间或消毒池，以便进入生产区的人员和车辆进行严格的消毒。

（二）生产辅助区

包括猪场生产管理必需的附属建筑物，如饲料加工车间、饲料仓库、修理车间、变电所、锅炉房、水泵房等。它们和日常的饲养工作有密切关系，所以这个区应该与生产区毗邻建立。自设水塔是清洁饮水正常供应的保证，位置选择要与水源条件相适应，且应安排在猪场最高处。

（三）管理与生活区

管理与生活区包括办公室、接待室、财务室、食堂、宿舍等，这是管理人员和家属日常生活的地方，应单独设立。一般设在生产区的上风向，或与风向平行的一侧。此外猪场周围应建围墙或设防疫沟，以防其他动物和闲杂人员进入场区。

四、猪舍总体规划

养猪工厂的生产管理特点是"全进全出"，一环扣一环的流水式作业。所以，需根据生产管理工艺流程来规划猪舍。步骤是：根据生产管理工艺确定各类猪栏数量，计算各类猪舍栋数，完成各类猪舍的布局、安排。在生产区内，不同类别、不同年龄的猪应该养在相互隔离的舍内，猪舍栋间距离 10~15 米。生产工艺流程可依次为配种—妊娠—产房—保育—生长—育肥。场内道路布局合理，主干路需要硬化，进料和出粪道严格分开，防止交叉感染。设有种猪运动场，便于公猪、下床母猪的运动。化粪池必须建在最下风向，并要及时处理、除臭，防止蚊蝇滋生。

第三节 猪场的建设

一、猪舍建筑形式

（一）按猪栏排列划分

猪舍有单列式、双列式和多列式。

（二）按屋顶形式划分

1. 单坡式

屋顶由一面斜坡构成，一般跨度较小，构造简单，屋顶排水好，光照和通风好，投资少，但冬季保暖性差，适合小规模猪场。

2. 不等坡式

又名道士帽式或联合式，其主要优缺点与单坡式基本相同，但保温性能较单坡式好，投资稍多。

3. 双坡式

双坡式保温性能较单坡式和不等坡式要好，但一般跨度较大，对建材要求较高，投资较大。双列式和多列式猪舍常用双坡式。

（三）按墙的结构和有无窗户划分

猪舍有开放式、封闭式和大棚式。

1. 开放式猪舍

开放式是三面有墙一面无墙，建筑简单，节省材料，造价低，通风采光好，舍内有害气体易排出。但因猪舍不封闭，猪舍内的气温随着外界温度变化而变化，不能人为控制。尤其北方冬季寒冷，这样影响了猪的繁殖与生长，正如常说的一年养猪半年长，而且其相对的占地面积较大。

2. 封闭式猪舍

封闭式猪舍不设窗户，附有一套自动控制的通风系统和供暖、降温设备。但也有的密闭型猪舍在墙上开窗采光、通风。这类猪舍常用于机械化程度高的大型种猪场的产房和保育舍，其优点是受舍外气候影响较小，但投资较大。寒冷地区及条件较好的种猪场较为适用。根据猪栏排列可分为单列式、双列式和多列式。中等规模猪场以双列式较多，其特点是猪栏排成两列，中间设走道，管理方便，利用率高，保温较好，但采光、防潮不如单列式。

3. 大棚式猪舍

用塑料扣成大棚式的猪舍，用太阳辐射增高猪舍内温度，北方冬季养猪多采用这种形式。根据建筑上塑料布层数，猪舍可分为单层和双层塑料棚舍。根据猪舍排列，可分为单列和双列塑料棚舍。另外还有半地下和种养结合塑料棚舍等。

二、猪舍的基本结构

我国冬季多西北风，因此猪舍应该坐北朝南，偏离方向最好在30°以内，应以向东偏斜为宜。猪舍的基本结构包括地面、墙、屋顶、门、窗等，这些统称为猪舍的外围护结构。猪舍的小气候状况很大程度上取决于猪舍的外围护结构的性能。

（一）地面

猪舍的地面是猪只活动、采食、躺卧和排粪尿的地方。地面对猪舍的保温性能及猪只的生产有很大影响。猪舍地面要求保温、坚实、不透水、平整、不滑、便于清扫和清洗消毒。地面一般应保持2°~3°的斜度，以利于排粪尿和用水冲洗，同时利于保持地面干燥。水泥地面坚实耐用、平整，易于清洗消毒，但保温性能差。目前猪舍多采用水泥地面和漏缝地板，为克服水泥地面传热快的缺点，可在地表下层用孔隙较大的材料（如炉灰渣、膨胀珍珠岩、空心砖等）增强地面的保温性能。

（二）墙壁

猪舍的墙壁要求坚固耐用，有一定的强度、厚度和较好的保温隔热效果。承重墙的承载力和稳定性必须满足结构设计要求。根据不同地区不同地理环境的要求，墙壁使用不同的材料。因北方地区温度低，应该注重防寒保暖工作，墙体应该厚一些，做成空心结构或在墙里面贴一层泡沫板；南方地区气温较高、湿度较大，应该注重防潮和防暑，墙体应该薄一些。总之墙体的厚度应根据当地的气候条件和所选墙体材料的热工特性来确定。

（三）屋顶

屋顶起遮挡风雨和保温隔热的作用，屋顶要求坚固，有一定的承重能力，能够承受风、雨、雪的压力，屋顶不漏水、不透风，且具有良好的保温隔热性能。常见的猪舍顶部为人字形状加挂天棚结构或是单坡形式。

（四）门

门是供人和猪出入的地方，要求设置合理，使用方便。供人、猪、手推车出入的外门一般高 2.0~2.4 米，宽 1.2~1.5 米，门外设坡道，便于猪只和手推车出入，外门的设置应避开冬季主导风向，必要时加设门斗。

（五）窗

窗户主要用于采光和通风换气，窗户的大小、数量、形状、位置应根据当地气候条件合理设计，要求种猪舍的窗要大一些，商品猪舍的窗要小一些。窗的设置不能太低，一般窗的下缘距地面 1.2 米左右。

三、猪舍的类型

猪舍的设计与建筑,首先要符合养猪生产工艺流程,其次要考虑各自的实际情况。黄河以南地区以防潮隔热和防暑降温为主;黄河以北则以防寒保温和防潮湿为重点。

(一)公猪舍

公猪舍一般为单列或双列半开放式,舍内温度16~21℃,风速0.2米/秒,内设走廊,外有小运动场,以增加种公猪的运动量,一圈一头(图1-1)。

图1-1 公猪舍

(二)空怀和妊娠母猪舍

空怀和妊娠母猪前期最常用的一种饲养方式是分组大栏群饲,一般每栏饲养空怀母猪4~5头、妊娠母猪2~4头,妊娠母猪后期则采用限位栏方式饲养(图1-2)。圈栏的结构有实体式、栏栅式、综合式3种,猪圈布置多为双列式。大栏面积一般7~9平方米,限位栏一般1.2平方米,地面坡降不要大于1/45,地表不光滑,以防母猪跌倒。舍温要求18~22℃,风速0.2米/秒。

(三)分娩哺育舍

分娩舍即产房,通常每个单元一间房舍,采用全进全出的

图 1-2 妊娠舍

饲养方式。产房内设有分娩栏，布置多为单列式或双列式，大型猪场也有三列式。舍内温度要求 15~20℃，风速 0.2 米/秒。分娩栏位结构也因条件而异。

1. 地面分娩栏

采用单体栏，中间部分是母猪限位架，两侧是仔猪采食、饮水、取暖等活动的地方。母猪限位架的前方是前门，前门上设有料槽和饮水器，供母猪采食、饮水，限位架后部有后门，供母猪进入及清粪操作。可在栏位后部设漏缝地板，以排除栏内的粪便和污物（图 1-3）。

图 1-3 地面分娩栏

2. 网上分娩栏

主要由分娩栏、仔猪围栏、钢筋编织的漏缝地板网、保温箱、支腿等组成（图1-4）。

图1-4 网上分娩栏

（四）仔猪保育舍

舍内温度要求22~26℃，风速0.2米/秒。可采用网上保育栏，1~2窝一栏网上饲养，用自动落料料槽，自由采食。网上培育减少了仔猪疾病，有利于仔猪健康，提高了成活率。仔猪保育栏主要由钢筋编织的漏缝地板网、围栏、自动落料槽、连接卡等组成（图1-5）。

图1-5 仔猪保育舍

(五) 生长、育肥舍和后备母猪舍

舍内温度 18~24℃，风速 0.2 米/秒。这 3 种猪舍均采用大栏地面群养方式，自由采食，其结构形式基本相同，只是在外形尺寸上因饲养头数和猪体大小的不同而有所变化（图 1-6）。

图 1-6　生长育肥舍

第二章 猪品种与繁殖

第一节 不同品种猪的体形、外貌和生产性能特点

人类目前饲养的家猪是由野猪经过长期驯化而来的,距今已有上万年的历史。随着人们生产经验的积累、社会经济条件的提升和人们对猪肉产量和品质的需求变化,经过长期自然和人工选择,家猪出现了一些生产性能较高,适应于当地自然气候特点,具有某些外貌特征和生产特性的类群,并逐渐形成品种。

一、猪的经济类型与瘦肉型猪的特点

(一) 猪的经济类型

猪的经济类型可分为瘦肉型、脂肪型和肉脂兼用型3种。这是由于人们根据猪的体形外貌、胴体中瘦肉和脂肪的比例、人们对肉食的爱好,不同地区供应猪的饲料种类的不同,经人们长期向不同方向选育而形成的,是品种向专门化方向发展的产物。

(1) 瘦肉型。瘦肉型也称为肉用型。这类猪的胴体瘦肉多,瘦肉占胴体比例55%以上。外形特点是中躯长,四肢高,前后肢间距宽,头颈较轻,腿臀丰满。体长大于胸围15厘米。第6~7肋骨背膘厚1.5~3.0厘米。瘦肉型猪能有效地将饲料

蛋白转化为瘦肉,且蛋白生长耗能比脂肪低,所以长得快,饲料报酬率高。一般180日龄体重可达到或超过90千克,料重比1:3左右。长白猪和大约克猪以及我国近年培育的三江白猪、湖北白猪等都属于瘦肉型品种。

(2)脂肪型。这类猪的胴体脂肪多,瘦肉少,脂肪占胴体比例为40%~50%。外形特点是体躯宽、深、短、矮,头颈较重而多肉。体长、胸围相等或相差2~3厘米。第6~7肋骨背膘厚6厘米以上。脂肪型猪由于脂肪多,而脂肪生长耗能多,所以生长慢,饲料报酬率低。我国的两广小花猪、海南猪属于此类。

(3)肉脂兼用型。这类猪的肉脂比例介于脂肪型与瘦肉型之间,外形特点也介于两者之间,体长一般大于胸围5厘米,背膘厚3~4厘米。哈尔滨白猪、苏联大白猪、约克夏猪属于此类。

(二)瘦肉型猪的特点

瘦肉型猪一般性成熟和体成熟较晚,体格较大,生长瘦肉的能力强,而生长脂肪的能力则比其他猪种弱。由于瘦肉型猪胴体瘦肉量高,而饲料转化率高,对饲料中蛋白质的含量要求较高。

瘦肉型猪背膘薄、皮薄毛稀,故比脂肪型猪耐热,但耐寒性较差。瘦肉型猪对外界环境条件的变化敏感性强,适应性稍差,有时会发生应激反应,出现应激综合征。严重时,还会引起肌肉变质,出现渗水、松软的灰白色的劣质肉,即PSE肉,俗称水猪肉。之所以有这些缺点,是由于长期向背膘薄、体形长、生长快等方面选择的结果。

二、我国主要地方品种

我国在20世纪80年代初完成的猪种资源普查,被认可后公布的猪地方品种有118个,1986年出版的《中国猪品种志》

将地方品种归纳为48个，2012年出版的《中国畜禽遗传资源志·猪志》认定76个，占世界猪品种数的1/3。特殊的生产条件、文化背景及地理环境使中国猪种存在其他猪种没有或很少的基因或基因组，对世界猪的遗传育种研究和生产实践具有独特的作用。

（一）我国地方猪种分类

我国地方猪种按其外貌特征、生产性能、当地自然地理特征、农业生产情况等自然条件和移民等社会条件，大致可分为华北型、华南型、华中型、江海型、西南型和高原型六大类型。

（1）华北型（5个）。华北型猪主要分布在秦岭—淮河以北地区，包括东北、华北、内蒙古自治区（以下简称内蒙古）、甘肃、新疆维吾尔自治区（以下简称新疆）、宁夏回族自治区（以下简称宁夏），以及陕西、湖北、安徽、江苏等省的北部地区，山东、四川、青海部分地区。该区域内冬季气候较寒冷、干燥，饲养粗放，因而猪的体质强健、体躯高大、四肢粗壮、背腰狭窄，为适应冬季寒冷的气候特点，皮厚多皱、毛粗密、鬃毛发达、毛色多为全黑。主要猪种有东北民猪、黄淮海黑猪、汉江黑猪、沂蒙黑猪、八眉猪等。

（2）华南型（9个）。华南型猪主要分布在南岭与珠江流域以南，包括云南的西南及南部边缘，广西壮族自治区（以下简称广西）、广东偏南的大部分地区及福建的东南和中国台湾。该区属亚热带气候，雨水充足，饲料丰富。该类型猪的体躯呈短、矮、宽、圆的特点；皮薄毛稀、鬃毛较少，毛色多为黑色或黑白花，体质疏松腹下垂，背腰宽阔而多下凹，繁殖力低，性成熟和体成熟较早。主要猪种有香猪、隆林猪、桃园猪、五指山猪、粤东黑猪等。

（3）江海型（7个）。江海型猪主要分布在淮河与长江之间，包括汉水、长江中下游和沿海平原地区，以及秦岭和大巴山之间的汉中盆地。该区域交通发达、农业丰产、饲料类型丰富,多为舍饲,因此该地区猪种复杂。江海型猪体形、外貌、生产性能处于华北、华中过渡带且差异较大,毛色为黑色或有少量白斑,以繁殖力高而著称。主要猪种有太湖猪、姜曲海猪、虹桥猪、阳新猪、圩猪等。

(4) 华中型(19个)。华中型猪主要分布在长江和珠江之间,这一地区属亚热带气候,温暖、雨量充足、自然条件较好,以水稻种植为主,精料和多汁饲料也很丰富,精料中富含蛋白质的饲料较多,有利于猪的生长发育。这一地区猪与华南型猪在体形和生产性能上较相似,体质疏松,背较宽且多下凹、四肢短、腹大下垂、体躯较华南型大,毛稀且多为黑白花。生长较快、肉质较好是该类型猪的主要生产特点。主要猪种有金华猪、大花白猪、宁乡猪、院南花猪等。

(5) 西南型(7个)。西南型猪主要分布在云贵高原和四川盆地,这一区域气候温和、农业生产发达,是水稻、麦、玉米、豆类的主要产区。猪外形特点是头大、腿较粗短;毛以金黑和"六白"较多,少数为黑白花或红毛猪。主要猪种有内江猪、荣昌猪、乌金猪(红毛)等。

(6) 高原型(1个)。高原型猪分布在青藏高原,高寒气候,饲料缺乏,终年放牧饲养。猪体形较小,体质紧凑,四肢发达,嘴尖长而直,皮厚毛长,鬃长发达且生有绒毛。主要猪种为藏猪。

(二) 我国优良地方猪种

(1) 太湖猪。太湖猪分布于长江中下游,江苏、浙江和上海交界的太湖流域。共有7个类群。其中产于嘉定县的称为"梅山猪",产于松江县的称为"枫泾猪",产于嘉兴、平湖县的称为"嘉兴黑猪",产于武进和靖江县的称为"二花脸猪"。还有"横径猪""米猪""沙乌头猪",从1974年起统称"太湖猪"。

太湖猪体形中等，各类群间有差异。以梅山猪较大，骨较粗壮，头大额宽，额部皱褶多、深，耳特大，近似三角形，软而下垂，耳尖齐或超过嘴角，形似大蒲扇；背腰宽平或微凹，腹大下垂；四肢稍高，大腿欠丰满；全身被毛稀疏，腹部更少，被毛黑色或青灰色，梅山猪的四肢末端为白色，俗称"四白脚"，也有尾尖为白色的；后躯皮肤有皱褶，随着身体肥度的增强而逐渐消失。乳头一般为 8~9 对（图 2-1）。

图 2-1　太湖猪

太湖猪以高繁殖力著称，是目前已知猪品种中产仔数最多的一个品种，经产母猪每胎产仔 15 头左右，泌乳力高，母性好。成熟早，肉质好，性情温驯，易于管理。7~8 个月体重可达 75 千克，屠宰率为 65%~70%，胴体瘦肉率为 40%~45%。太湖猪分布范围广，数量多，品种内类群结构丰富，有广泛的遗传基础。肉色鲜红，肌肉内脂肪较多，肉质好。但肥育时生长速度慢，胴体中皮的比例高，瘦肉率偏低。今后应加强本品种选育，适当提高瘦肉率，进一步探索更好的杂交组合，在商品瘦肉猪生产中发挥更大的作用。

（2）金华猪。金华猪原产于浙江省金华市的东阳县，分布于浦江、义乌、金华、永康等县。金华猪体形中等偏小。额有皱纹，耳中等大、下垂，颈短粗，背微凹，腹大微下垂，臀较倾斜，四肢细短；毛色以中间白、两头黑为特征，即头颈和臀尾为黑皮黑毛，体躯中间为白皮白毛，在黑白交界处有黑皮白毛的"晕带"，因此又称"两头乌"猪。金华猪按头型可分为寿字头型、老鼠头型和中间头型3种，现称大、中、小型。寿字头型体形稍大，额部皱纹较多而深，结构稍粗。老鼠头型个体较小，嘴筒窄长，额部较平滑，结构细致。中间型则介于两者之间，体形适中，头长短适中，额部有少量浅的皱纹，是目前产区饲养最广的一种类型（图2-2）。

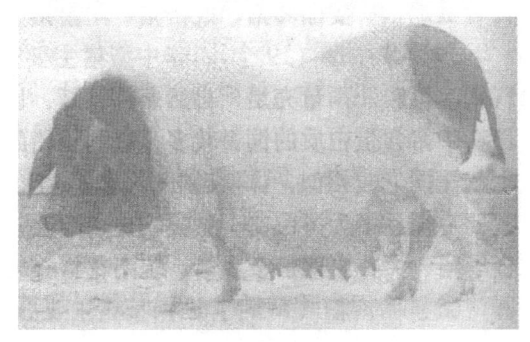

图2-2　金华猪

金华猪繁殖力高，一般产仔14头左右，母性好，护仔性强，但仔猪出生重较小；在一般饲养条件下，肥育猪8~9月龄体重63~76千克，日增重300克以上。肥育猪在育肥后期生长较慢，饲料转化率较低。金华猪性成熟早，繁殖力高，早熟易肥，屠宰率高，皮薄骨细，肉质细嫩，肥瘦比例恰当，瘦中夹肥，五花明显，但后腿欠丰满。著名的金华火腿就是由金华猪的大腿加工而成。

（3）民猪。民猪原产于东北和华北部分地区，现分布于东北三省、华北及内蒙古地区。按体形大小及外貌特点可分为大、中、小3种类型。体重150千克以上的大型猪称大民猪；

体重95千克左右的中型猪称二民猪；体重65千克左右的小型猪称荷包猪。目前的民猪多属于中型猪，头中等大，嘴鼻直长，额部有纵行皱纹，耳大下垂；体躯扁平，背腰狭窄稍臀部倾斜，腹大下垂，四肢粗壮；被毛全黑，冬季密生绒毛，鬃毛发达，飞节侧面有少量皱褶。乳头7~8对（图2-3）。

图2-3 民猪

民猪性成熟早，母猪4月龄左右时出现初情期，母猪发情征象明显，配种受胎率高；分娩时不让人接近，有极强的护仔性。初产母猪产仔数11头左右，经产母猪13头左右。民猪有较好的耐粗饲性和抗寒能力，在较好的饲养条件下，8月龄体重可达90千克，屠宰率为72%左右，胴体瘦肉率为46%左右。

民猪是我国东北和华北广大地区在寒冷条件下育成的一个历史悠久的地方种猪。它具有繁殖力高，护仔性强、抗寒能力强、体质健壮、脂肪沉积能力强和肉质好等特点，与其他品种杂交均获得良好效果。新金猪、吉林黑猪、哈白猪和三江白猪等都是用民猪与其他猪种杂交培育而成。

（4）荣昌猪。荣昌猪主产于重庆荣昌和四川隆昌两县，后扩大到永川县、泸州、合江、纳溪、大足、铜梁、江津、璧山，荣昌猪体形较大，被毛除两眼周围或头部有大小不等的黑斑外，其余均为白色。是我国地方猪种中少有的白色猪种之一。荣昌猪头大小适中,面微耳中等大、下垂,额部皱纹横行,有漩毛,体躯较长,发育匀称,背腰微腹大而深,臀部稍倾斜,四肢细致,结实,鬃毛洁白、刚韧。乳头6~7对(图2-4)。

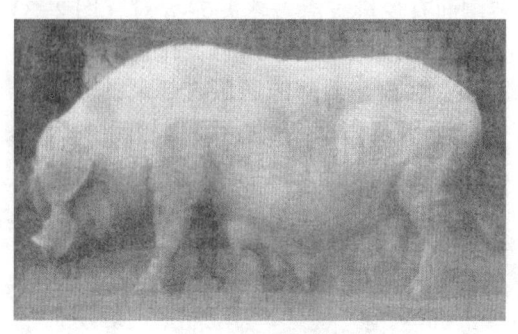

图2-4 荣昌猪

荣昌猪平均日增重488~623克,以7~8月龄体重80千克左右出栏为宜,屠宰率为69%,胴体瘦肉率为42%~46%。荣昌猪肌肉呈鲜红或深红色,大理石纹清晰,分布较匀。初产母猪产仔数为8.56头,经产母猪产仔数为11.7头。荣昌猪的鬃毛,以洁白光泽、刚韧质优载誉国内外。荣昌猪以适应性强、杂交效果好、遗传性能稳定、胴体瘦肉率较高、肉质优良、鬃白质好等优良特性而驰名中外。1957年,荣昌猪被载入英国出版的《世界家畜品种及名种辞典》,成为国际公认的宝贵猪种资源。

(5)香猪。香猪是中国小体形地方猪种。中心产区在贵州省从江县、三都县与广西环江县等,主要分布在贵州、广西两省(区)接壤的榕江、荔波、融水及雷山、丹寨等县。

香猪体躯矮小,毛色多全黑,有"六白"或"六白"不全的特征。头较直,耳小而薄,略向两侧平伸或稍下垂,体躯短,背腰宽微腹大丰圆下垂,后躯较丰满,四肢短细,乳头

5~6对（图2-5）。

图2-5 香猪

香猪6月龄体高40厘米左右，体长60~75厘米，体重20~30千克，相当于同龄大型猪的1/5~1/4，平均日增重仅120~150克。成年公猪体重为37.4千克，母猪体重为40.0千克。母猪概数（整数）产仔数为4~6头。38.9千克育肥猪屠宰率为65.7%，胴体瘦肉率为46.75%。体重达30~40千克时为适宜屠宰期。

香猪早熟易肥，皮薄骨细，肉质鲜嫩，哺乳仔猪与断乳仔猪肉味香，无奶腥味和其他异味，加工成烤猪、腊肉，别具风味与特色。香猪是我国向微型猪方向发展，用作乳猪生产等很有前途的猪种与宝贵基因库。

（6）藏猪。藏猪产于青藏高原，主要分布于西藏自治区（以下简称西藏）的山南、昌都、拉萨，四川的阿坝、甘孜，云南的迪庆，甘肃的甘南藏族自治州及青海等地。藏猪被毛多为黑色，鬃毛长而密，被毛下密生绒毛；嘴筒长直，呈锥形；面窄，额部皱纹少。耳小而平直，便于转动。体小而短、胸狭，背腰平直或微弓，腹线平直；后躯高于前躯，臀部倾斜。四肢结实，蹄质坚实、直立；乳头多为5对（图2-6）。

图 2-6 藏猪

因饲养条件差，藏猪的生长发育极为缓慢，放牧条件下，成年公猪体重约 43 千克，成年母猪约 35 千克。6 月龄公猪体重为 14 千克，母猪 13 千克。屠宰率不超过 60%，但胴体瘦肉多，肉味香。藏猪多为放牧饲养，初产母猪产仔 4~5 头，3 胎后可达 6 头。出生仔猪体重 0.4~0.6 千克。藏猪适应高原气候和终年放牧的粗放饲养。

三、主要引进优良品种

从 19 世纪末期开始，我国逐步从国外引入十多个猪种，其中约克夏猪、巴克夏猪、大白猪、苏白猪、克米洛夫猪、长白猪等对我国种猪改良有较大影响。20 世纪 80 年代之后，我国开始大量引进长白猪、大约克夏猪、杜洛克猪、汉普夏猪、皮特兰猪等肉用型品种，用于经济杂交。一些国际著名猪育种公司的专门化品系及配套系如 PIC、迪卡和斯格猪等相继进入我国。目前，早期引进的一些猪种由于已经不适应时代的发展和市场的需求而逐步被淘汰，少数优良猪种仍对我国养猪生产有较大影响，如长白猪、大白猪、杜洛克猪等。

（一）主要引入猪种介绍

（1）杜洛克猪（Duroc）。杜洛克猪原产于美国东北部，杜洛克的起源可以追溯到1493年哥伦布首次运至美洲的非洲海岸几内亚等国的红毛猪，它的主要亲本为纽约州的杜洛克猪和新泽西州的泽西红毛猪，原来为脂肪型，后来改良成瘦肉型猪。这个猪种于1880年建立品种标准，原称杜洛克泽西（Duroc Jersey），现简称杜洛克猪。

杜洛克猪全身被毛为棕红色。头轻小而清秀，耳中等大小，耳根稍立，中部下垂，略向前倾。嘴略短，颊面稍凹，体高而身较长，体躯深广，肌肉丰满，背呈弓形，后躯肌肉特别发达，四肢粗壮结实。该品种生长速度快，饲料利用率高，瘦肉率高，胴体品质好，适应性强，多作为终端父本利用。成年公猪体重340~450千克，成年母猪体重300~390千克，达100千克体重日龄165~175天，肥育期间平均日增重在700克以上，料肉比2.91∶1，背膘厚2.9厘米，屠宰率72%以上，瘦肉率63%~65%。杜洛克猪性成熟较晚，母猪一般在6~7月龄开始发情，初产母猪产仔8~9头，产活仔数7头以上，初生窝重10千克以上，经产母猪概数（整数）产仔数10~11头，产活仔数9头以上，初生窝重13千克以上。

杜洛克猪对世界养猪生产的最大贡献是作为商品猪的主要杂交亲本，特别是终端父本。杜洛克与国内猪种杂交后代多数情况下能表现出优异的日增重和饲料转化率。杜洛克猪的缺点是产仔数不多，早期生产较差。

为更好地作为终端父本利用，国外已选育出白色杜洛克猪。

（2）大白猪。大白猪（York-white）在美洲也称大约克夏猪（Large Yorkskire），原产英国北部的约克郡及邻近地区，是以当地原有猪种与引入的中国广东猪和含有中国血统的塞莱斯特猪杂交育成，1852年正式确定为新品种。按其体形可分为大、中、小三型，并各自形成独立的品种，大型的称大白猪，中型的称中白猪，小型的称小白猪。

现在全世界分布最广、应用最多的为大白猪。

大白猪体毛全白，体形大而匀称、面宽微凹、耳向前直立、四肢较高、背腰多微弓（图2-7）。近年来新培育出的品系也具有后躯肌肉更发达、背最长肌更粗、背中线呈一条凹沟等特点。

图2-7 大白猪

成年公猪体重250~300千克，成年母猪体重230~250千克。体重90千克时屠宰，屠宰率为71%~73%，瘦肉率为62%~64%，肉质优良。母猪平均乳头7对，初产母猪产仔数9.5~10.5头，产活仔数8.5头以上，初生窝重10.5千克以上。经产母猪产仔数11~12.5头，产活仔数10.3头以上，初生窝重13千克以上。近年来引进的新品系产仔数明显提高。

大白猪具有生长速度快、产仔多、仔猪初生重大、饲料利用率高、胴体瘦肉率高、肉色好、适应性强的优点，但部分个体肢蹄不够结实，易发生蹄病，后备猪发情不明显，初配受胎率较低。

大白猪在国外猪种中繁殖性能较好，在国外三元杂交体系中常作为第一母本利用。也可以用作父本，用大白猪作父本与本地母猪进行杂交，杂种优势明显。

(3) 长白猪 (Landrace)。长白猪原产于丹麦，原名兰德瑞斯，1887 年用英国大白猪与丹麦本地猪杂交育成，是目前世界上分布最广的著名的瘦肉型猪种之一。由于体躯特长、毛色全白，因此在中国称为长白猪。目前世界上的许多国家都引入饲养，并结合本国自然经济条件进行选育，育成了适应本国实际情况的长白猪，如英系长白猪、德系长白猪、法系长白猪、荷兰长白猪等。我国引进的有丹麦、法国、瑞典、美国、加拿大等国长白猪。

长白猪外貌清秀，性情温和，全身白色，体躯呈流线型，头狭长，颜面直，耳向前倾斜。颈肩部较轻，背腰特长，稍呈拱形，腰线平直而不松弛，后躯特别丰满，乳头 7~8 对（图 2-8）。各国培育的长白猪体形外貌大同小异，但各有特点，如瑞系长白猪体躯较粗壮；美系长白猪体躯较高，而后躯的肌肉不太丰满等。近年来新培育出的丹系长白猪、英系长白猪具有后躯肌肉更发达、背最长肌更粗、背中线呈一条凹沟、四肢较短等特点。

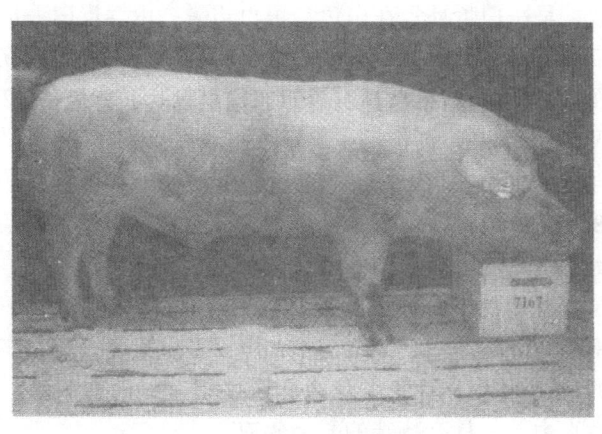

图 2-8 长白猪

成年公猪体重达 250~350 千克，成年母猪体重达 220~

300千克，日增重750~800克，饲料利用率为2.8%~3.0%，达100千克体重日龄165~180天，日增重718~724克，料肉比2.91∶1，背膘厚2.1~2.8厘米，屠宰率为72%~74%，瘦肉率为63%~65%。初产母猪产仔数9~10头，产活仔数8.5头以上，初生窝重10.5千克以上。经产母猪产仔数11~12头，产活仔数10.3头以上，初生窝重13千克以上。近年来引进的新品系产仔数明显提高。

该品种具有繁殖力较强、生长快、饲料利用率高、瘦肉率高等优点，但对饲料营养要求高，体质较弱，四肢细、抗逆性差、发情不明显，少数个体肉质较差等。用长白猪作父本与本地猪进行二元杂交或三元杂交可以提高生长速度和瘦肉率。

(4) 汉普夏猪（Hampshire）。汉普夏猪原产于美国肯塔基州布奥尼地区，1904年命名为汉普夏猪，是世界著名瘦肉型品种。

汉普夏猪毛色特征明显，前肢白色，后肢黑色。最大特点是在肩部和颈部接合处有一条白带围绕，包括肩胛部、前胸部和前肢，呈一白带环，在白色与黑色边缘，由黑皮白毛形成一灰色带，故又称银带猪。头中等大小，耳中等大小而直立，嘴较长而直，体躯较长，背腰呈弓形，后躯肌肉发达（图2-9）。

汉普夏猪繁殖力不高，产仔数一般在9~10头，母性好，体质强健。生长性状很好，汉普夏公猪30~100千克，平均日增重845克，饲料转化率2.53∶1；农场大群测试，公猪平均日增重781克，母猪平均日增重731克。

汉普夏猪胴体性状很好，尤以胴体背膘薄、眼肌面积大、瘦肉率高而著称。在三元杂交中，以汉普夏猪作终端父本亦有很好的杂交效果。但汉普夏猪适应性稍差，肉质欠佳，肉色浅，系水力差，具有特殊的酸肉效应。

(5) 皮特兰猪（Pietrain）。皮特兰猪原产于比利时的布拉特地区，1919—1920年用黑白斑本地猪与法国的贝叶猪杂交，

图2-9 汉普夏猪

再与美国泰姆沃斯猪杂交选育而成。1950年被确定为新品种。

皮特兰猪体形中等,体躯呈方形。被毛灰白,夹有形状各异的大块黑色斑点,有的还夹有部分红毛。头较轻盈,耳中等大小,微向前倾,颈和四肢较短,肩部和臀部肌肉特别发达(图2-10)。

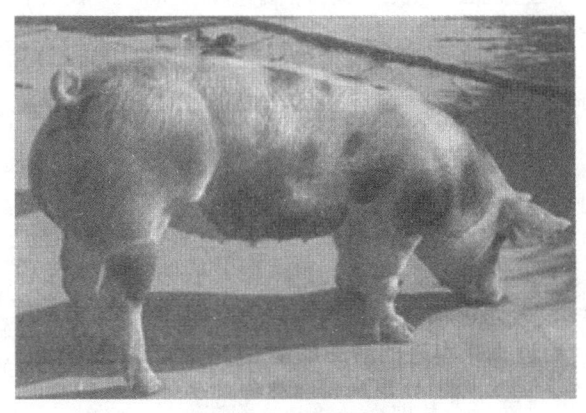

图2-10 皮特兰猪

平均产仔数10.2头,断奶仔猪数8.3头。生长速度和饲料转化率一般,特别是90千克后生长速度显著减缓。胴体品质较好，突出表现在背膘薄、胴体瘦肉率很高。据法国资料报道，皮特兰猪背膘厚 0.78 厘米，90 千克体重胴体瘦肉率高达 70% 左右。肉质欠佳，肌纤维较粗，氟烷阳性率高，易发生猪应激综合征，产生 PSE 肉。因其胴体瘦肉率很高，能显著提高杂交后代的胴体瘦肉率，但繁殖性状欠佳，故在经济杂交中多用作终端父本。近年选育出的抗应激皮特兰猪，在适应性和肉质上都有大幅度改进。

（6）PIC 配套系。PIC 配套系猪是由英国种猪改良公司培育的具有世界先进水平的配套系猪，是以长白猪、大约克夏猪、杜洛克猪、皮特兰猪四大瘦肉型猪为基础，导入包括中国太湖猪在内的其他一些著名品种血统，选育形成 20 多个专门化品系后，进行最优化组合培育而成。其主要优点为生长速度快，产仔多，成活率高，瘦肉率高，肉质细嫩，对环境适应性较好。

PIC 配套系父母代母猪初产活仔数平均为 11.3~11.7 头，经产活仔数为 12.4~12.6 头；商品猪育肥期 30~100 千克阶段日增重 900~1 150 克，料重比 (2.5~2.6)：1；出生到 90 千克出栏平均为 155 天；商品代育肥猪 90 千克屠宰率为 73%~75%，胴体瘦肉率为 65%~68%。

（7）斯格配套系。斯格配套系猪是由比利时斯格遗传技术公司培育，育种工作始于 20 世纪 60 年代初，已有近 50 年的历史。一开始是从世界各地，主要是欧美等国先后引进 20 多个猪的优良品种或品系作为遗传材料，经过系统地测定、杂交、亲缘繁育和严格选择，分别育成了若干个专门化父系和母系。这些专门化品系作为核心群，进行继代选育和必要的血液引进、更新等，不断地提高各品系的性能。

斯格配套系父母代母猪胎均产仔数为 12.5~13.5 头，一生产仔可达 6.8 胎。

育肥期 25~100 千克阶段，平均日增重 900 克；料重比 2.4∶1；出生到 100 千克出栏平均为 150 天；商品代育肥猪 100 千克时，屠宰率为 75%～78%，胴体瘦肉率为 66%～67.5%。

（二）引入猪种的种质特性

（1）生长速度快、饲料报酬高。引入的国外猪种体格大，体形均匀，背腰多微弓，四肢较高，后躯丰满，多呈长方形体形。在良好的饲养管理条件下后备猪生长发育迅速，生长育肥猪日增重高，育肥猪 20～90 千克平均日增重 550～650 克，高的可达 700 克以上，全期饲料转化率在 2.8% 以下。

（2）屠宰率和胴体瘦肉率高。引入猪种屠宰率较高，100 千克体重屠宰时，屠宰率在 70% 以上；背膘薄，眼肌面积大，胴体瘦肉率高。在适宜的饲养管理条件下，90 千克屠宰时胴体瘦肉率在 55%～62%，优秀的可达 65% 以上。

（3）肉质较差。引入猪种肉质不如我国地方品种，具体表现在肌纤维较粗、肌肉内脂肪少，出现 PSE 肉的比例高，尤其皮特兰猪的 PSE 肉发生率高。此外，肉色、肉的风味也不及我国地方猪种。

（4）繁殖性能差。与我国地方猪种相比，引入的国外猪种母猪通常发情不太明显，配种难，产仔数较少。近几年引进的新品系繁殖性能有较大提高。

（5）抗逆性较差。引入的国外猪种对饲养管理条件要求较高，需要较多的精饲料，在较低的饲养水平下，生长发育迟缓，抗病力差。

四、我国培育品种

中华人民共和国成立至今，我国养猪工作者和育种专家育成猪新品种、新品系 50 多个。这些培育品种（系）弥补了地方猪种的缺点，在体形、体长、体高、背膘及后躯发育等方面有明显改善，同时不同程度上也继承了地方猪种繁殖率高、肉质好和抗逆性强等各方面的优势。但由于育成的历史较短，培育品种（系）在选育程度上尚不及引入的国外品种，存在群体小、整齐度差及遗传不稳定等缺陷，因此在现代规模化养猪中使用不多。

（一）哈尔滨白猪

哈尔滨白猪简称哈白猪，是由民猪与约克夏猪、巴克夏猪杂交后形成杂种群进行选育，再引入苏白猪进行级进杂交后选育而形成。广泛分布于黑龙江省滨洲、滨绥、滨北和牡佳等铁路沿线。

哈白猪体形较大，全身被毛白色，头中等大小，两耳直立，面部微背腰平直，腹稍大但不下垂，腿臀丰满，四肢健壮，体质结实；乳头7对以上（图2-11）。

图 2-11　哈白猪

哈白猪公猪成年体重222千克，体长149厘米；母猪成年体重176千克，体长139厘米。据380窝初产母猪的统计，平均产仔数9.4头；1 000窝经产母猪统计平均产仔11.3头。屠宰率为74%，膘厚5厘米，眼肌面积30.81平方厘米，腿臀比例为26.45%；90千克屠宰胴体瘦肉率在45%以上。

哈白猪具有较强的抗寒、耐粗饲能力，肥育期生长速度快、耗料少，母猪产仔及哺乳性能好。因此与民猪、三江白猪以及产区其他品种杂交效果明显，在日增重和饲料利用率方面呈现较好的杂交优势。

（二）苏太猪

苏太猪是以二花脸和枫径猪为母本、杜洛克为父本，通过杂交选育而成，并于1999年通过国家家畜禽遗传资源管理委员会审定。

苏太猪全身被毛黑色，耳中等大垂向前下方，头面有清晰的皱纹，嘴中等长而直，四肢结实，背腰平直，腹小，后躯丰满，身体各部位发育良好，瘦肉型猪特征明显（图2-12）。

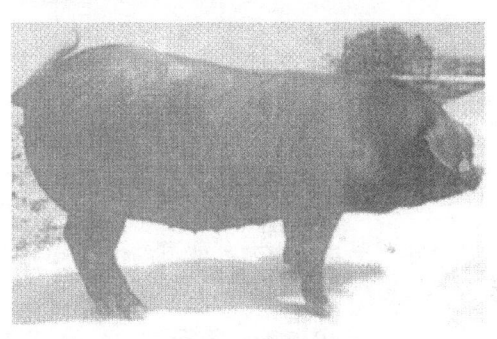

图2-12　苏太猪

苏太猪产仔多、生长速度快、瘦肉率高、耐粗饲、肉质鲜美。标准饲养管理条件下，肥育至90千克体重的日龄为178天，屠宰率为73%，平均背膘厚2.33厘米，胴体瘦肉率达56%。母猪平均乳头7对以上，初产母猪平均产仔11.68头，经产母猪平均产仔14.45头。苏太猪是生产瘦肉型商品猪比较理想的母本，以苏太猪为母本与大约克或长白公猪交配产生的杂种猪，瘦肉率可达60%，日增重750克以上。适宜于我国大部分地区饲养，适宜规模猪场和农户饲养。

（三）三江白猪

三江白猪主产于东北三江平原，黑龙江省东部合江地区境内。它是在当地特定条件下由民猪和来自英国、瑞典、法国的长白猪杂交选育而成的我国第1个瘦肉型猪种。

三江白猪被毛全白，毛丛稍密，头轻嘴直，耳下垂或稍前倾，背腰宽平，腿臀丰满；四肢粗壮，蹄质坚实；乳头7对，排列整齐（图2-13）。

图2-13 三江白猪

三江白猪继承了民猪在繁殖性能上的优点，性成熟早，初情期约在4月龄，发情征状明显，配种受胎率高。

初产母猪平均产仔10.2头，经产12.4头。三江白猪6月龄后备公母猪体重分别为85.55千克、81.23千克；成年公猪体重250~300千克，母猪200~250千克。

三江白猪具有生长快、饲料利用率高的特点，据测定标准饲养条件下，肥育猪达90千克需182天，20~90千克平均日增重600克，每千克增重耗料不超过3.5千克。

三江白猪继承了民猪许多优良特性，对寒冷气候具有较强的适应性，对高温的亚热带气候也有较强的适应能力，并且在农场生产条件下饲养，表现出生长迅速、饲料消耗少、抗寒、胴体瘦肉多、肉质好等特点，与国外引入猪种和国内培育及地方品种均有较好的杂交配合力。

(四) 北京黑猪

北京黑猪主要育成于北京国有双桥农场和北郊农场，集中分布于北京各区及郊县，并已经推广到河北、河南及山西等多个省。由巴克夏、约克夏、苏联大白猪、新金猪、吉林黑竹猪、高加索猪等与华北型的本地猪进行广泛杂交猪群中，选留黑色种猪培育而成。

北京黑猪体质结实，结构匀称，全身被毛黑色。头中等大小，外形清秀，两耳向前上方直立或平伸，面微额宽，嘴筒直。颈肩结合良好，背腰平直且宽，腹部平直，四肢强健，腿臀丰满，背膘较薄，乳头一般7对以上（图2-14）。

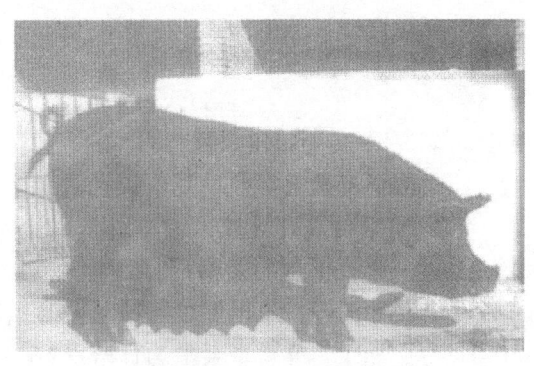

图 2-14 北京黑猪

北京黑猪初产母猪10.4头/胎，经产母猪12头/胎，7.5月龄可参加配种；育肥猪日增重609克，90千克胴体瘦肉率为51.5%。抗病力强，耐粗饲，抗应激，生长快，6月龄后备公母猪体重分别为90.1千克和89.55千克，成年公母猪体重约260千克和220千克。

(五) 湖北白猪

湖北白猪是用英国大白猪，丹麦、英国、瑞典、法国的兰德瑞斯猪和地方优良品种（通城猪、荣昌猪）杂交育成，1986年经过鉴定验收成为我国第2个瘦肉型新猪种，分布于湖北省江汉平原数十个国有农场，湖北白猪包括5个品系。这5个品系中既具品种共性又各具特点，如Ⅲ系繁殖力高、适应性好，而Ⅳ系瘦肉率、产肉量较高。

湖北白猪全身被毛白色，体格较大，具有较典型的瘦肉型猪体形。头稍轻、直长，两耳前倾或稍下垂，背腰平直，中躯较长，腹小，腿臂丰满，肢蹄结实；乳头7对（图2-15）。

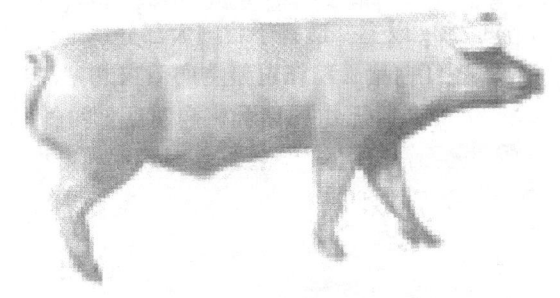

图2-15　湖北白猪

成年公猪体重250～300千克，母猪体重200～250千克。具有胴体瘦肉率高、肉质好、生长发育快、繁殖性能优良等特点。20～90千克育肥期Ⅰ、Ⅱ、Ⅲ系平均日增重560～620克，料重比（3.17～3.27）∶1；Ⅳ、Ⅴ系平均日增重622～690克，料重比3.45∶1。90千克屠宰胴体瘦肉率达60%左右。

湖北白猪适应性好，对高温、湿冷的耐受能力强，耐粗饲，与杜洛克猪具有很好的杂交效果，是生产商品瘦肉猪的优良母本。

我国育种工作者于20世纪90年代后也陆续选育出配套系，如深圳光明畜牧合营有限公司培育的光明猪配套系（1998年）、深圳市农牧有限公司培育的深农猪配套系（1998

年)、河北省畜牧兽医研究所等培育的冀合白猪配套（2002年)、北京养猪育种中心培育的中育猪配套系（2004年)、云南农业大学等培育的撒坝猪配套系（2005年）等，利用这些配套系生产出的商品猪均具有生长速度快、饲料报酬高、胴体瘦肉率高等优点，但由于种种原因，配套系的推广利用范围有限。

第二节 确定合适的杂交模式

一、引种技术

为了提高猪群总体质量和保持较高的生产水平，达到优质、高产、高效的目的，猪场经常需从外地甚至国外引进猪种，作为经济杂交的父本、育种的基本素材或生产商品猪。引种不慎，就会引入疾病。因此，引种前作好引种规划至关重要。

（一）制订引种计划

猪场应该结合自身的实际情况，根据种群更新计划，确定所需品种和数量，购进能提高本场种猪某种性能并与自己的猪群健康状况相同的优良个体。

（二）选择符合需要的品种

引种必须考虑社会发展的需要和引入后的用途。引入品种应具有良好的经济价值、育种价值和适应性，适应性是高产的先决条件。

（三）个体选择

在选择个体时，除注意该品种的特征外，还要进行系谱审查，要求供种场提供该场免疫程序及所购买的种猪免疫接种情况，并注明各种疫苗注射的日期。种公猪最好经过测定，并附测定资料和种猪三代系谱。注意亲本或同胞间生产性能的表现、遗传疾病和血缘关系等。

(四) 严格执行检疫

引种时,应切实做好检疫工作,严格执行隔离观察制度。引种是提高猪群生产水平的主要措施之一,但也可能是疫病传播的重要途径。因此,引种时要确认引种地无重大的疫病发生;引进的种猪,至少隔离饲养30天,在此期间进行观察、检疫,经兽医检查确定为健康合格后,才可混群饲养。

(1) 调出种猪起运前的检疫。调出种猪于起运前15~30天在原种猪场或隔离场进行检疫。调查了解该种猪场近6个月内的疫情情况,若发现有一类传染病及炭疽、布鲁菌病、猪密螺旋体痢疾的疫情时,应停止调运。查看调出种猪的档案和预防接种记录,然后进行群体和个体检疫,并做详细记录。经检查确定为健康,准予起运。

(2) 种猪运输时的检疫。种猪装运时,当地畜禽检疫部门应派员到现场进行监督检查。运载种猪的车辆、船舶、机舱以及饲养用具等必须在装货前进行清扫、洗刷和消毒。经当地畜禽检疫部门检查合格,发给运输检疫证明。

(3) 种猪到达目的地后的检疫。种猪到场后,根据检疫需要,在隔离场观察15~30天。在隔离观察期间,须进行群体检疫、个体检疫、临床检查和实验室检验。经检疫确定为健康后,方可供繁殖、生产使用。

(五) 妥善安排运输

为使引入猪种安全到达目的地,防止意外事故发生,运输时要准备充足的饲料,尤其是青绿饲料。夏天做好防暑降温工作,冬天注意防寒保暖。保证种猪在装运及运输过程中没有接触过其他偶蹄动物,运输车辆应做过彻底清洗消毒。

(六) 种猪到场后的饲养管理

(1) 新引进的种猪,应先饲养在隔离舍,而不能直接转进猪场生产区，因为这样做极可能带来新的疫病，或者由不同菌株引发相同疾病。猪场应设隔离舍，要求距离生产区最好有300米以上距离，在种猪到场前的30天应对隔离栏舍及用具进行彻底清洗和严格消毒，空圈1周后方可进猪。

（2）种猪到达目的地后，立即对卸猪台、车辆、猪体及卸车周围地面进行消毒，然后将种猪卸下，按大小、公母进行分群饲养，有损伤、脱肛等情况的种猪应立即隔开单栏饲养，并及时治疗处理。

（3）先提供饮水，休息6~12小时后方可供给少量饲料，第2天开始可逐渐增加饲喂量。种猪到场后的前两周，由于疲劳加上环境的变化，机体对疫病的抵抗力会降低，应注意尽量减少应激，可在饲料中添加抗生素（泰妙菌素50毫克/千克、金霉素150毫克/千克）和复合维生素，使种猪尽快恢复正常状态。

（4）隔离与观察。种猪到场后必须在隔离舍隔离饲养30~45天，严格检疫。

（5）种猪到场1周后，应按本场的免疫程序接种猪瘟等疫苗，7月龄的后备猪在此期间可做一些避免引起繁殖障碍疾病的防疫，如细小病毒病、乙型脑炎疫苗等。

（6）种猪在隔离期内，接种完各种疫苗后，进行一次全面驱虫，可使用阿维菌素、伊维菌素等广谱驱虫剂按皮下注射进行驱虫。隔离期结束后，对该批种猪进行体表消毒，再转入生产区投入正常生产。

（七）引种试验及观察

判断引入品种价值高低的最可靠办法，就是进行引种试验。先引入少量个体，进行观察，经证明该品种既有良好的经济价值和种用价值，又能适应当地的自然条件后，再大规模进行引种。

二、猪的杂交利用

随着人民生活水平的不断提高和国内外对猪肉及其产品优质及安全的关注,养猪业必将由传统饲养向现代化、良种化、规模化和无公害方向发展。为适应这种产业发展趋势,必须分级建立曾祖代原种猪场、祖代纯种扩繁场、父母代杂交繁育场和商品代育肥场四级生产繁育体系。其中商品猪的生产一般是采用杂交利用途径,充分利用杂种优势,进一步提高商品猪的产肉性能。近20年来,许多畜牧业发达的国家90%的商品猪都是杂种猪。杂种优势的利用已经成为工厂化、规模化养猪的基本模式。

(一) 杂交及杂种优势的概念

猪的杂交是指来自不同品种、品系或类群之间公母猪相互交配。在杂交中用作公猪的品种叫父本,用作母猪的品种叫母本,杂交所生的后代称杂种。对杂种的名称一般父本品种名称在前,母本品种名称在后,如用长白猪作父本、大白猪作母本生产的二元母猪叫"长大"母猪。

所谓杂种优势是指不同品种或品系间的公母猪杂交所生的杂种往往在生活力、生长势和生产性能等方面,表现出一定程度的优于其亲本纯繁群体的现象。

(二) 杂种优势的表现程度及获得的基础

杂交并不一定能获得杂种优势,能否获得杂交优势以及杂种优势的表现程度主要取决于杂交亲本的遗传性状、相互配合情况以及饲养管理条件。

(1) 不同的经济性状,杂交优势表现不同。一般遗传力低的性状如繁殖性状,杂种优势率高,为20%~40%;遗传力中等的性状如肥育性状,杂种优势率较高,为15%~25%;遗传力高的性状如胴体品质、肉质性状,杂交优势率低,为

15%以下。

（2）亲本间的差异越大，杂种优势率越高。引入的瘦肉型猪种与我国本地猪种杂交，黑白猪种间的杂交等优势都较明显。例如，杜洛克猪、汉普夏猪与湖北白猪遗传差异大，因而杂种优势明显，湖北白猪Ⅳ系因含有长白猪血缘的50%，因此与长白猪杂交未表现明显的杂种优势。一般选择日增重大、瘦肉率高、生长快、饲料转化率高、繁殖性能较好的品种作为杂交第一父本，而第二父本或终端父本的选择应重点考虑生长速度和胴体品质，例如，第一父本常选择大白猪和长白猪，第二父本常选择杜洛克猪。母本常选择数量多、分布广、繁殖力强、泌乳力高、适应性强的地方品种、培育品种或引进繁殖性能高的品种。

（3）亲本越纯，杂种优势率越高。亲本越纯，遗传稳定性越强，杂交效果的好坏与亲本的遗传稳定性关系密切。因此参与杂交的父本、母本品种都要经过不断选育，群体生产性能和外形特征趋于一致。个体间差异缩小，杂种优势才能发挥。

（4）环境与饲养管理条件。猪的经济杂交，一般都涉及两个以上的品种或品系。在杂交利用时，杂种优势性状不仅要考虑市场发展的需要，也要考虑生产环境、饲养管理条件是否可以满足最大限度地发挥杂种优势的潜力。因此，在杂交利用时，因为数量多、适应性强，在考虑繁殖性能的基础上，一般选择当地品种作母本。

性状的表现是遗传基础与环境共同作用的结果，营养水平对杂种优势影响较大，瘦肉型猪种对饲料条件要求高，特别是蛋白质水平必须满足，否则，影响猪的繁殖性能和生长发育。

（三）**猪的杂交模式**

猪的经济杂交方式较多，不同的方式其优缺点也不同，常用的经济杂交有以下几种。

（1）二元杂交。二元杂交又称单交，是指两个品种或品系间的公母猪交配,利用杂种一代进行商品猪生产(图2-16)。这是最为简单的一种杂交方式,且收效迅速。一般父本和母本来自不同的具有遗传互补性的两个纯种群体,因此杂种优势明显,但由于父本母本是纯种,因而不能充分利用父本和母本的杂种优势。此外,二元杂交仅利用了生长肥育性能的杂种优势,而杂种一代被直接育肥,没有利用繁殖性能的杂种优势。采用二元杂交生产商品猪一般选择当地饲养量大、适应性强的地方品种或培育品种作母本,选择外来品种如杜洛克猪、汉普夏猪、大白猪、长白猪等作父本。

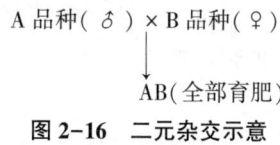

图2-16 二元杂交示意

(2)三元杂交。三元杂交又称三品种杂交,它是由三个品种(系)参加的杂交,生产上多采用两品种杂交的杂种一代母猪作母本,再与第三品种的公猪交配,后代全部作商品猪育肥(图2-17)。三元杂交在现代养猪业中具有重要意义,这种杂交方式,母本是两品种杂种,可以充分利用杂种母猪生活力强、繁殖力高、易饲养的优点。此外三元杂交遗传基础比较广泛,可以利用三个品种(系)的基因互补效应,因此,三元杂交已经被世界各国广泛采用。缺点是需要饲养3个纯种(系),进行两次配合力测定。

(3)四元杂交。四元杂交又称双杂交或配套系杂交,采用四个品种(系),先分别进行两两杂交,在后代中分别选出优良杂种父本、母本,再杂交获得四元杂种的商品育肥猪(图2-18)。由于父、母本都是杂种,所以双杂交能充分利用个体、母本和父本杂种优势,且能充分利用性状互补效应,四元杂交比三元杂交能使商品代猪有更丰富的遗传基础,同时还有发现和培育出"新品系"的可能。此外,大量采用杂种繁

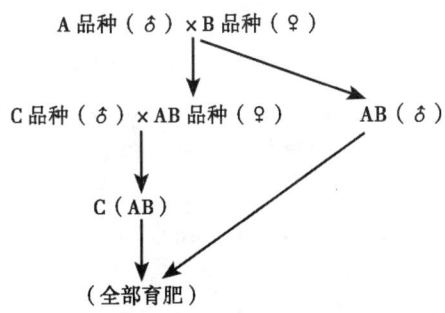

图 2-17 三元杂交示意

育，可少养纯种，降低饲养成本。20 世纪 80 年代以来，由于四元杂交日益显示出其优越性而被广泛利用，但四元杂交也存在饲养品种多、组织工作相对复杂的缺点。

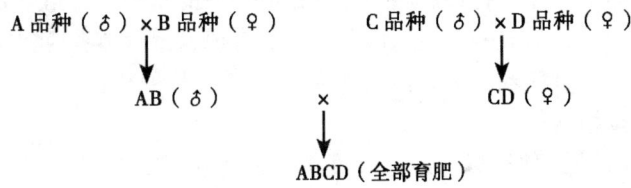

图 2-18 双杂交示意

（4）轮回杂交。轮回杂交最常用的有两品种轮回杂交和三品种轮交。这种杂交方式是利用杂交过程中的部分杂种母猪作种用，参加下一次杂交，每一代轮换使用组成亲本的各品种的公猪。采用这种方式的优点是可以不从其他猪群引进纯种母本，又可以减少疫病传染的风险，也能充分利用杂种母猪的母体杂种优势，同时减少公猪的用量。缺点是不能利用父本的杂种优势和不能充分利用个体杂种优势；遗传基础不广泛，互补效应有限。另外，为避免各代杂种在生产性能上出现忽高忽低的现象，参与轮回杂交的品种要求在生产性能上相似或接近

(图2-19)。

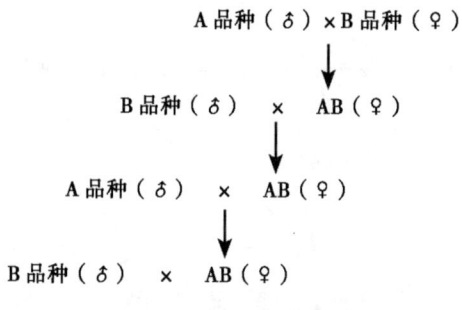

图2-19 两品种轮回杂交示意

(四) 建立健全杂交繁育体系

杂交繁育体系就是明确用什么品种，采用什么样杂交方式的前提下，建立各种性质的具有相应规模的猪场，各猪场之间密切配合，形成一个组织体系。一般来说，繁育体系应包括原种猪场、种猪场、繁育猪场和商品猪场以及种猪性能测定站、人工授精网等。

(1) 原种猪场。经过高度选育的种猪群，包括基础母猪的原种群和杂交父本选育群。其主要任务是利用较强的技术力量和先进的技术手段强化原种猪品质，不断选育提高原种猪生产性能，为下一级种猪群提供高质量的更新猪。全国大部分省份已经建立了原种猪场。

(2) 种猪性能测定站及种公猪站。种猪性能测定站的任务主要是供种猪群选种测评用，可以和种猪生产相结合。如果性能测定站是多个原种场共用的，则不能与原种场建在一起，以防疫病传播。另外，为了充分利用原种猪场大量过剩的公猪，可以利用经过性能测定的富余公猪建立种公猪站和人工授精网来降低养猪生产成本。全国大多省份已经建立了种猪性能测定站，并对外开展测评工作。

（3）种猪场。种猪场的主要任务是扩大繁殖种母猪，同时研究适宜的饲养管理方法和繁殖技术。

（4）杂种母猪繁育场。在三元及多元杂交体系中，用基础母猪与第一父本猪杂交生产高质量的二元杂种母猪，是杂种母猪繁育场的根本任务。杂种母猪选择重点应放在繁育性能上。

（5）商品猪场。商品猪场的任务是进行商品猪生产，重点应放在提高猪群的生长速度和改进肥育技术上。

在一个完整的繁育体系中，上述各个猪场应比例协调，层次分明，结构合理。各场分工明确，重点任务突出，将猪的育种、制种和商品生产统筹考虑，真正从整体上提高养猪的经济效益。

三、仔猪繁育技术规程品种的选择

（一）母本的选择

（1）从高产母猪的后代中筛选，同胞至少在9头以上，仔猪出生重大于或等于1.2~1.5千克。

（2）要有足够的有效乳头数，后备母猪至少要有6对充分发育、分布均匀的乳头，其中至少3对应分布在脐部以前。

（3）体形良好，体格健全、匀称，背线平直，肢体健壮整齐，臀部宽平，符合品种选育标准。

（4）身体健康，本身及同胞无遗传缺陷。

（5）外生殖器发育良好，180日龄左右能准时发情。

（6）母性好，抗逆性、抗应激能力强。

（7）无特定病源病，如气喘病、繁殖呼吸道综合征等。

（二）父本的选择

（1）必须选择有来自畜禽生产许可证的种猪场。

（2）要有档案及系谱记录，属选育的优良公猪。

（3）有强健的四肢和腰部、走路步伐有力、胸部宽深、腹部平直无下垂、臀部宽平丰满有形。

（4）外表符合品种要求，体形好。

（5）生长速度快，体格大，体形匀称，臀部比例大。

（6）屠宰率和胴体瘦肉率高、背膘薄、眼肌面积大。

（7）无隐睾。

第三节　繁殖技术

一、人工授精

（1）育种时间。断奶后3~6天发情的经产母猪，发情出现站立反应后6~12小时时进行第1次输精育种；后备母猪和断奶后7天以上发情的经产母猪，发情出现站立反应，就进行育种（输精）。

（2）输精次数及间隔时间。一般输精3次，后备母猪间隔时间12~18小时，经产母猪24~36小时。

（3）精液检查。将精液从17℃保存箱内取出，用显微镜检查精子活率≥0.7才可以进行输精。

（4）将试情公猪赶至待配母猪栏之前，使母猪在输精时与公猪口鼻部接触。

（5）输精人员消毒清洁双手。

（6）用0.1%的高锰酸钾水溶液清洁母猪外阴、尾根及臀部周围，再用清水浸湿毛巾，擦干净外阴部遗留的高锰酸钾溶液，最后用卫生纸吸干水分。

（7）从密封袋中取出没受任何污染的一次性输精管（手不应该接触输精管前2/3部分），在其前端涂上精液或其润滑剂作为润滑液。

（8）将输精管45℃向上插入母猪生殖道内，输精管进入3~4厘米后，顺时针旋转，当感受有阻力时，继续缓慢逆时针旋转同时前后移动，直到感觉输精管前端被锁定（轻轻拉会不动），并且确认真正被子宫颈锁定（图2-20）。

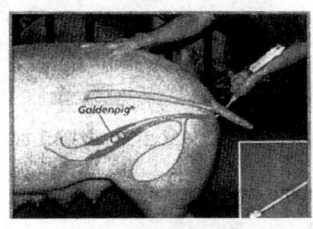 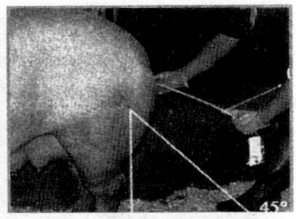

图2-20 输精部位及方向

（9）从精液贮存箱取出精液，确认公猪品种、耳号。

（10）缓慢颠倒摇匀精液，用剪刀剪去瓶嘴，接到输精管上，开始进行输精。

（11）用针头在输精瓶底部扎一个小孔，抚摩乳房及外阴，压背刺激母猪，使其子宫收缩产生负压，将精液吸纳。输精时，请勿将精液挤入母猪生殖道内，防止精液倒流。

（12）控制输精瓶的高度来调节输精时间，时间要求3~5分钟。输精瓶精液排空后，放低输精瓶约15秒，观察精液是否倒流。在防止空气进入母猪生殖道的情况下，把输精管后端一小段折起，放在输精瓶中，使其滞留在生殖道内3~5分钟，让输精管慢慢滑落（图2-21至图2-28）。

 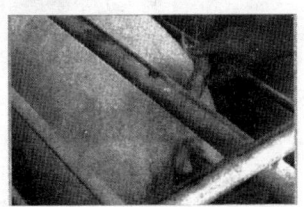

图2-21 高锰酸钾消毒外阴部　　图2-22 清水擦洗外阴部

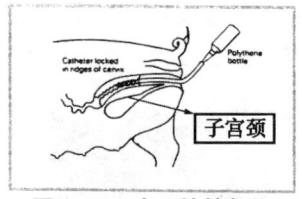
图 2-23 人工输精部位

图 2-24 涂擦润滑剂

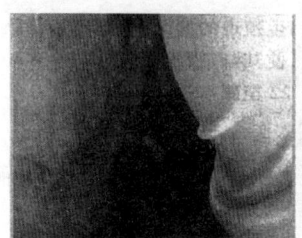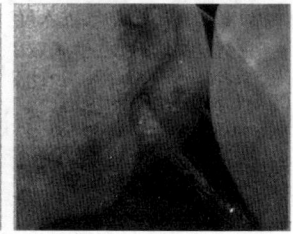

图 2-25 插入输精管

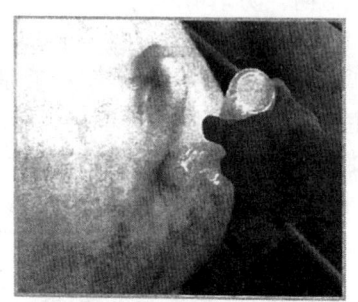
图 2-26 输精

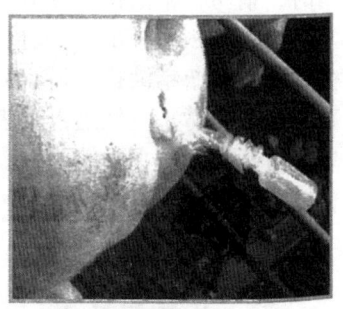
图 2-27 输精结束

(13) 填写母猪档案卡。

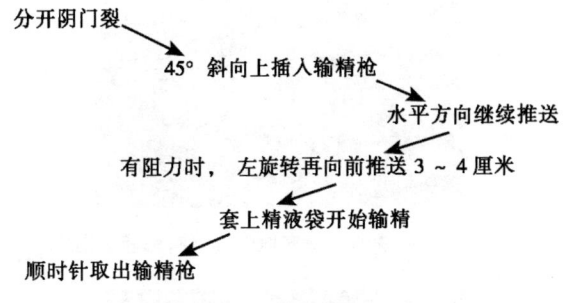

图 2-28 输精步骤

二、查情及发情鉴定

(一) 掌握发情时间

母猪发情周期平均 21 天 (19~23 天), 大多数经产母猪一般在仔猪断奶后的 1 周内 (3~7 天) 可再次发情排卵受胎。

(二) 确定查情次数

查情次数选择依本场生产成绩决定, 成绩不理想者宜采用两次查情。若 1 日 1 次查情, 在早上待母猪吃好料, 饮水完后立即开始; 若 1 日 2 次查情, 1 次在早上喂完料并打扫完走道后立即开始, 第 2 次在下午凉爽时进行, 2 次尽量拉长时间间隔。

(三) 观察发情特征

(1) 发情前期。母猪举动不安, 外阴肿胀, 并由淡黄色变为红色, 阴道内有黏液分泌, 其黏度渐渐增加。此时母猪不允许人骑在背上, 平均 2.7 天, 不宜输精育种 (图 2-29)。

(2) 发情期。平均 2.5 天, 特征为母猪阴部肿胀红色开始减退, 分泌物变浓稠黏度增加。此时允许压背而不动, 压背时母猪双耳竖起向后, 后肢紧绷, 可以输精 (图 2-30)。

(3) 发情后期。1~2 天, 发情母猪阴部完全恢复正常,

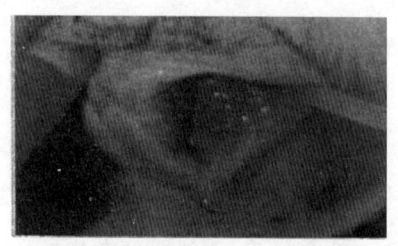

图 2-29　阴道内壁充血潮红，有黏液流出

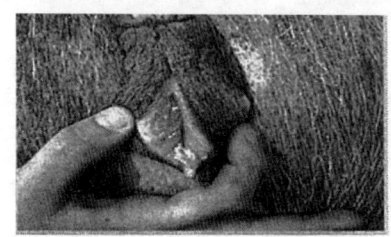

图 2-30　阴户有黏性分泌物

不允许公猪爬跨。

（4）间情期。13~14 天，完全恢复正常状态。

（四）试情鉴定

每日做 2 次试情（上午、下午各 1 次），即在安静的环境下，有公猪在旁时，压背，以观察其站立反应。一般认为排卵最多时是出现在母猪开始接受公猪交配后 30~36 小时（图 2-31、图 2-32）。

三、妊娠诊断

（1）观察发情周期。母猪配种后 20 天左右不再出现发情，可初步认为已妊娠，待第 2 个发情期仍不发情，则说明已怀孕受胎。

（2）观察行动表现。母猪配种后表现安静、贪吃贪睡、食欲增加、容易上膘、皮毛光亮、性情温驯、行动稳重、腹围

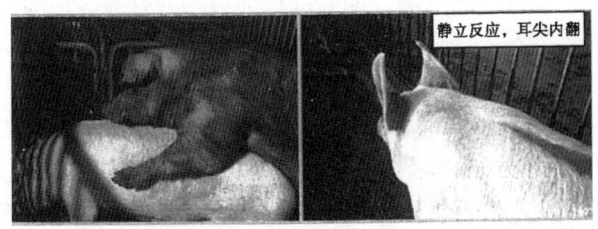

图 2-31 试情法对疑似发情的母猪试情,观察其反应

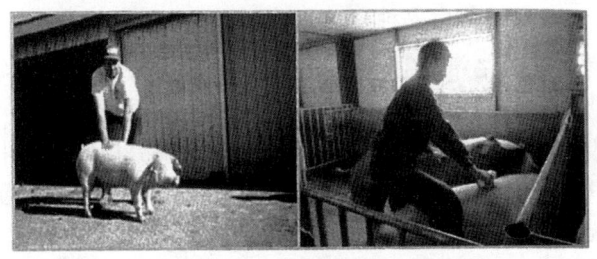

图 2-32 压背法检测发情

逐渐增大即是怀孕象征(疲倦贪睡不想动,性情温顺步态稳,食欲增加上膘快,皮毛发亮紧贴身,尾巴下垂很自然,阴户缩成一条线)。

(3)注射激素诊断法。这种方法准确率达 90%~95%。具体方法:配种后第 16~17 天注射人工合成的雌激素(促发情)皮下注射 3~5 毫升,注射后 5 天内有发情征状为空怀,否则为妊娠。其原理为妊娠母猪卵巢上有黄体分泌孕酮,注射雌激素也不会出现发情征状,如果母猪没孕,黄体大约在第 18 天消失,注射雌激素就会表现出发情征状。日本已普遍使用,国内因怕造成流产很少用,乱用雌激素也易造成卵巢囊肿,用时一定要注意时间和剂量。

(4)尿液检查法。母猪育种后 3~5 天,取母猪晨尿液 1 毫升装入试管中,然后加入 5~7 滴白醋,再加入数滴碘酒,在文火上慢慢加热煮沸,如有红色即可判为妊娠。但通过试验表明其效果不太好,故准确性有待验证。

(5) 超声波法。用超声波可以测定胎儿的心跳数,配种后 20~29 天判断准确率为 80%,40 天以后准确率为 100%,所谓超声波,就是人耳朵听不到的高频音波,能测到胎儿心跳,猪不用固定和麻醉,进口仪器较国产仪器效果好。

四、提高母猪繁殖力措施

(一) 选择优良品种

当前规模化养猪生产中,商品猪的母本大都采用长大和大长母猪,这是因为杂种母猪在繁殖性能上具有杂种优势,同时适合市场对瘦肉型猪的需求。当前我国大部分规模猪场中普遍采用这种组合。在选择长大后备母猪时,体形上应平直和微倾,腹部比较大且松弛,腹部过度收缩的母猪繁殖力都较差。奶头排列整齐均匀,一般在 7 对以上,奶头饱满不能有瞎头、副乳头等。外阴部大小适中、下垂,外阴部上翘的母猪繁殖性能一般较差,经常有返情或不孕的现象。保持正常体廓的母体(不肥不瘦)繁殖性能较好。瘦肉率过高的母猪,其繁殖性能方面都较差。我国地方猪种具有繁殖性能好的优点,也是非常优良的母本,同时用国外良种公猪(长白猪、大白猪、杜洛克猪等)作父本进行二元或三元杂交,产仔数可比国外纯种猪自交提高 20%~30%。

(二) 加强种猪营养

种公猪营养要求全面,并添加青绿饲料,每天上下午各运动 1 次,2~4 岁成年公猪每天配种 1~2 次,每周休息 1~2 天,每周检查精液 1~2 次(对密度偏稀,活力较差的公猪即刻停用),从而使公猪精液中精子密度大、活力强。母猪在配种前 20 天和配种后 30 天喂给富含蛋白质、矿物质和维生素的饲料，但饲料能量不能过高。在怀孕中期、空怀期和哺乳后期增加粗饲料饲喂量，以使母猪保持良好体况，使母猪排卵数增加，提高母猪的产仔数，并减少母猪返情和产死胎、畸形胎。

（三）适时配种

长白猪、大白猪、杜洛克等国外品种公母猪在 8 月龄、120 千克体重时开始配种。长大和大长后备母猪配种一般以体重达到 110~115 千克为宜。高于或低于这一体重对产仔数有影响，偏离越远，影响越大。后备母猪从有明显发情表现到排卵的间隔一般为 36~40 小时。经产母猪为 38~44 小时，排卵时间平均为 2~7 小时，因此开始发情后 8~12 小时配第 1 次，间隔 12 小时进行复配，通常都可以取得很好的效果。发情不明显的母猪有必要进行 2 次复配。母猪断奶后一般在 3~10 天内发情，妊娠后的母猪都要控制饲喂量。保持中等体况能提高其窝产仔数。正常生产状态下，有个别母猪长时间不发情或频繁返情，对用药物催情和改善饲养管理无效，或返情 3 次以上的母猪应该及时淘汰。母猪一般 3~6 胎产仔数最高，6 胎后的母猪应予以淘汰。

（四）加强饲养管理

高温对受孕影响很大，一般 7—8 月母猪受孕率在 60% 以下。妊娠初期的 3~4 周，当环境温度超过 28°C 时死胎率会明显增加，高温和低温都能降低子宫的收缩力，延长产仔时间，造成死胎。猪群的密度和空间也能影响母猪的配种和妊娠，青年母猪少于 4 头时，则发情表现减弱，保持 15~25 头的群体则发情行为和周期较好。母猪配种后留在原圈 4 周以上，可以有效减少胚胎死亡，有利于提高窝产仔数。实行全价营养供给，避免营养性不孕。在母猪配种前注射 β-胡萝卜素或维生素 C，有利于提高窝产仔数。既要满足营养需要，又不能使母猪过肥。过肥时，卵子不易进入输卵管或在输卵管内运动时间过长，影响受胎。

（五）加强仔猪腹泻预防

（1）分开吃奶。仔猪对乳房的竞争非常激烈，仔猪一定要吃到一定量的初乳才能获得足够的免疫球蛋白。如果母猪窝产仔猪数较多，分开吃奶非常必要。让体重较轻的仔猪在没有竞争的条件下吃 2~3 次初乳，可以达到增加体重和降低死亡的目的。而较重的仔猪则要放在加热的仔猪栏中，每次 2 小时，并进行定期检查。

（2）胃管饲喂。胃管饲喂是用一根消毒好的塑料管从仔猪嘴中插入胃内进行喂养的技术。用一个灌肠器可将定量的初乳和奶直接注入仔猪胃内。这一方法经济有效而且实用，特别适用于弱小、受寒、饥饿、后腿外翻的仔猪。

（3）仔猪寄养。仔猪寄养是为了保证每头仔猪都能得到有效的母猪哺乳的管理方法。仔猪寄养的基本原则是仔猪已经或者能够获得初乳。在寄养过程中必须坚持同一头母猪哺喂的仔猪个体重、强壮程度基本一致。

（4）分开断奶。窝内体重较大的仔猪可以提前 7~10 天断奶，从而使体重小的仔猪吃到更多乳头的奶，并在正常时间断奶。如果一窝仔猪体重差异较大时，分开断奶是比较好的方法。

（5）预防腹泻。哺乳仔猪常见的腹泻病有仔猪黄痢、白痢、传染性胃肠炎和流行性腹泻。对常见病要以预防为主，平时做好环境消毒，断奶后栏位应用消毒水喷洒，或用石灰水洗刷，进行彻底消毒。同时，应坚持"全进全出"，集中产仔、集中断奶、集中消毒，防止交叉感染。保持舍内温暖、干燥，可在母猪产前 28 天注射 K88、K99、987P、F41 大肠杆菌四价疫苗。治疗仔猪黄、白痢效果比较好的药物有硫酸妥布霉素、伟达欣、新霉素等，严重脱水的仔猪应及时补液，腹腔注射生理盐水和抗生素。

第四节 挑选优良的种猪、商品仔猪

一、猪品种选用原则

(一) 根据技术水平选择

技术水平高、规模大的猪场,最好选从国外引进的品种,因为这些品种的生长速度快,瘦肉率较高。而地方品种适应性强,耐粗饲,母性好,发情明显。

(二) 根据饲料资源选择

使用全价饲料养猪,最好选择引进的品种,而有大量廉价青粗饲料的,可以选择地方或杂交品种。据经验,地方品种对粗纤维等粗饲料的消化率明显高于引进品种,而如果使用全价饲料,引进品种的饲料转化率优于地方品种。

(三) 根据销售目标选择

如果以本地或农村销售为主,可以考虑选地方品种或杂交品种,因为这些品种肉质较好,适合农村的消费习惯。而运销大城市的就要选瘦肉率相对较高的引进品种才能卖得好价钱。

(四) 根据出栏规格选择

销售乳猪做烤猪的,宜用产仔多管理相对容易而且比较早熟的地方品种,如太湖猪、梅山猪等。或者用这些品种的第一代杂交种(既能保持产仔多的特性,又改变了毛皮的色泽)。供肉联厂加工的猪(45千克左右),可选择杂交种。因为杂交种体形和瘦肉率均能达到做种猪的要求,且管理技术相对容易些。用作肥猪出售的宜选用成熟晚一点的,体形大一点的品种,这些品种一般因为生长发育迟,后期生长速度和饲料转化率要优于早熟小型品种。

二、猪的挑选

在品种形成过程中,因为地理环境、饲料类型、饲养方式及选种选育的差异,与国外猪种相比中国地方猪种具有许多独特的种质特性。

(一) 繁殖力高

中国地方猪种性成熟早。嘉兴黑猪、二花脸猪、姜曲海猪、内江猪、成华猪、东北民猪、金华猪、大围子猪等,母猪初情期平均3月龄左右,最早的姜曲海猪为36日龄;性成熟平均为4月龄左右,其中姜曲海猪为76日龄。而外国猪种如长白猪和杜洛克母猪的初情期为6~7月龄。公猪精液中首次出现精子的年龄中国地方猪种也远比外国猪种早,如二花脸猪为60~75日龄,而大约克夏猪为120日龄。

中国地方猪种的排卵数多,上述猪种平均初产为15.44头,经产为20.75头,都较外国品种高。中国地方猪种产仔数多,世界最高产的太湖猪,初产13.48头,经产16.65头,母猪奶头8~9对。

中国地方猪种与外国猪种比较,还具备发情明显、受胎率高、繁殖障碍疾病少、泌乳量高、母性好等优良特性。

(二) 肉质好

肉质性状一般以肉的嫩度、风味及色泽来衡量。肉质的好坏与生长速度、产肉量及饲养方式有关。在品种选育时,长期对产肉效率的追求导致现代高产瘦肉型猪种肉品质下降。

国外一些高度培育的瘦肉型品种和品系,具有生长快、饲料转化率高和瘦肉产量多的优点,但肉质不佳,PSE肉比率高,给养猪产业造成了巨大的经济损失。而中国地方猪种肉质优良,肌肉嫩而多汁,肌纤维较细,密度较大,肌肉大理石花纹分布适中,肌内脂肪含量高于国外猪种,并含有较多的挥发性脂肪酸，烹调时产生特殊的香味。这一特性将成为我国猪肉竞争国际市场的优势条件之一。

(三) 抗逆性强

我国幅员辽阔，自然环境类型丰富，猪种在长期的自然选择和人工选择过程中形成了对外界不良环境条件的良好适应能力。

在极端不良的气候环境和饲养条件下，我国地方猪种具有较强的抗逆性，主要表现在抗寒、耐热、耐粗饲、耐饥饿、能适应高海拔生活环境等方面。

(四) 生长缓慢、早熟易肥、胴体瘦肉率低

中国地方猪种生长速度较慢，育肥期平均日增重大多在300~600克，大大低于国外引进猪种日增重750~800克水平。中国地方猪种初生重小，平均只有700克左右，低于国外引进品种。

阶段育肥是我国饲养地方品种的传统方式，前低后高的日粮营养使我国地方猪种腹腔内脂肪沉积能力极强，形成了中国猪种易肥、胴体瘦肉率低的特性。例如，金华猪、大花白猪、内江猪体重分别达55千克、65千克和70千克时，胴体的肉脂率已经达1.5∶1，而长白猪在90千克阶段，肉脂率可达2.4∶1。中国地方猪种在90千克体重时，脂肪率一般高于40%，瘦肉率低于40%，国外引进猪种的胴体瘦肉率一般高于60%。

第三章 饲料配制及使用

第一节 不同生产阶段猪的营养需要特点

一、母猪的营养特点

供给合适的营养水平是确保母猪高繁殖力的基础。母猪通过胎盘和乳汁供给仔猪营养，合适的养分摄入可确保仔猪健康快速成长。

母猪营养突出特点是"低妊娠高泌乳"。妊娠期供给相对低的营养水平，以防母猪出现过肥而难产、奶水不足、压死仔猪增加、断奶后受孕率下降等情况；妊娠阶段一般都实行限饲的饲喂方法。

泌乳期的母猪需要高的营养水平以供给不断生长的仔猪，而且也使其在断奶后体重不至于减少太多，以利于尽快发情配种。这个阶段饲粮要求消化能达到 3 200 千卡/千克，粗蛋白至少达到 15%以上。

二、乳、仔猪的营养特点

乳、仔猪的营养是所有阶段猪最复杂的。营养供给不合理的直接后果是猪只生长缓慢、腹泻率高、死亡率高，进而使中大猪阶段生长缓慢，延长出栏时间。

新生仔猪消化系统发育尚不完善，消化酶分泌能力弱，只能消化母乳中乳脂、乳蛋白和碳水化合物，直接供给以玉米、豆粕为主的全价配合饲料，容易引起仔猪腹泻。仔猪腹泻分营养性腹泻和病菌性腹泻两种，刚断奶仔猪的腹泻，往往是营养性腹泻。

三、后备猪

后备猪必需自由采食，当体重大约 100 千克时选为种用，以便可以评定其潜在的生长速度和瘦肉增重。这些猪选为种用后，应限制能量摄入量，以保证其在配种时具有理想的体重。

在后备猪发育期间，蛋白质摄入不足会延缓性成熟，降低每次射精的精液量，但是，轻微的营养不足（日粮粗蛋白水平 12%）所造成的繁殖性能的损伤可很快恢复。

四、生长肥育猪的营养需要

生长肥育猪的经济效益主要是通过生长速度、饲料利用率和瘦肉率来体现的，因此，要根据生长肥育猪的营养需要配制合理的日粮，以最大限度地提高瘦肉率和肉料比。

动物为能而食，一般情况下，猪日采食能量越多，日增重越快，饲料利用率越高，沉积脂肪也越多。但此时瘦肉率降低，胴体品质变差。蛋白质的需要更为复杂，为了获得最佳的肥育效果，不仅要满足蛋白质量的需求，还要考虑必需氨基酸之间的平衡和利用率。能量高使胴体品质降低，而适宜的蛋白质能够改善猪胴体品质，这就要求日粮具有适宜的能量蛋白比。由于猪是单胃杂食动物，对饲料粗纤维的利用率很有限。研究表明，在一定条件下，随饲料粗纤维水平的提高，能量摄入量减少，增重速度和饲料利用率降低。因此猪日粮粗纤维不宜过高，肥育期应低于 8%。矿物质和维生素是猪正常生长和发育不可缺少的营养物质，长期过量或不足，将导致代谢紊乱，轻者增重减慢，严重的发生缺乏症或死亡。生长期为满足肌肉和骨骼的快速增长，要求能量、蛋白质、钙和磷的水平较高，饲粮含消化能 12.97~13.97 兆焦/千克，粗蛋白水平为 16%~18%，适宜的能量蛋白比为 188.28~217.57 粗蛋白克/兆焦 DE，钙 0.50%~0.55%，磷 0.41%~0.46%，赖氨酸 0.56%~0.64%，蛋氨酸+胱氨酸 0.37%~0.42%。肥育期要控制能量，减少脂肪沉积，饲粮含消化能 12.30~12.97 兆焦/千克，粗蛋白水平为 13%~15%，适宜的能量蛋白比为 188.28 粗蛋白质克/兆焦 DE，钙 0.46%，磷 0.37%，赖氨酸 0.52%，蛋氨酸+胱氨酸 0.28%。

第二节 消化与吸收

一、消化

猪对饲料的消化包括物理性消化、化学性消化及微生物消化。物理性消化主要靠猪口腔内牙齿和消化道管壁的肌肉运动把饲料撕碎、磨烂、压扁，有利于在消化道内形成多水的食糜，为胃肠中的化学性消化（主要是酶的消化）、微生物消化做好准备。同时，通过消化道管壁的运动，把食糜研磨、搅拌并从一个部位运送到另一个部位。胃是猪主要的物理消化器官，对改变饲料粒度起着十分重要的作用。化学性消化主要指酶的消化。酶的消化是高等动物主要的消化方式，是饲料变成动物能吸收的营养物质的一个过程。不同种类动物酶消化的特点明显不同。猪的微生物消化主要部位在盲肠和大肠内，可将不能被宿主动物直接利用的物质转化成能被宿主动物利用的高质量的营养素，产生一些挥发性脂肪酸及 B 族维生素。但是微生物消化过程在消化道的末端，所以利用率有限。猪采食的饲料或食物在胃和小肠中被消化，消化了的营养物质主要在小肠中被吸收。消化道从口腔一直延伸到肛门。

简单地说，消化就是吸收前的准备。它包括机械作用，如咀嚼和胃肠的肌肉收缩。另外，还有胃肠道酶的化学作用。消化过程的所有作用是从化学上使食物颗粒变小和具备吸收必需的可溶性。

消化由口腔开始。食物被咀嚼成小块,以增加表面积,便于各种消化液和酶的作用。口腔产生的唾液使干燥的饲料变得湿润,便于吞咽。唾液中所含的淀粉酶,对淀粉进行初步分解。唾液中还含有碳酸氢盐离子(重碳酸盐),在胃中作为缓冲剂,保持胃的酸度在一个合适的水平。味觉的敏感性产生于口腔,以决定是否喜欢所提供的饲料。如桂竹香糖芥或烧焦的饲料的怪味道会导致猪拒食。

食物被咀嚼并与唾液混合后称为食团。食团通过吞咽作用经过食道从口腔进入胃。在吞咽的过程中,食道肌肉自前而后有节律地收缩和舒张,从而使食物进入胃中。食物通过贲门括约肌进入胃中,这是食道的终点,与胃连接,它可以收缩关闭胃的入口。这对防止胃内容物向食道倒流是必需的。

胃是一个中空的、豆状器官,一头100千克猪的胃容量为6~8升。经过胃的不断蠕动作用后,食物进一步软化分离成微粒。胃壁上有一些不同种类的特殊细胞,如壁细胞、主细胞和黏液细胞等,产生胃液。胃液包含几种酶,继续进行消化过程。如脂肪酶作用于脂肪产生单酸甘油酯和短链脂肪酸,胃蛋白酶把蛋白质分解为氨基酸。胃蛋白酶在胃中被酸激活,胃中的一种特殊细胞分泌盐酸,并成为胃液的组成部分。酸在胃中起着对动物的保护作用,防止由于胃中病菌的增长伤害或致死动物。哺乳仔猪胃液还包含凝乳酶,分解乳中的蛋白质。胃被黏膜层所保护,以防止酸或消化酶的损伤。

食物离开胃时几乎成为液态,此时被称为食糜。食糜通过幽门括约肌进入小肠。幽门括约肌的开放和关闭控制着食糜到小肠的通路。通常,食物要在胃中停留1~2小时,然后慢慢进入小肠。小肠是一个长管状肌肉组织,在腹腔中处于一种折叠状态。1头100千克的猪,小肠长约18米,容量约为19升。

小肠可分为3部分，比例约是十二指肠5%、空肠90%、回肠5%。

胆汁和胰液含有消化酶，分泌于十二指肠。胆汁产生于肝，在流入肠道前贮存于胆囊。胆汁中含有能够中和食糜中酸性的多种盐类，并且把食糜中脂肪分解成非常小的微粒以备消化，这个过程被称为乳化。胰液由胰产生，含有多种酶消化淀粉（淀粉酶）、蛋白质（胰蛋白酶、糜蛋白酶和羧肽酶）和脂肪（脂肪酶）的酶。蛋白消化酶以非活性态产生，进入十二指肠后被激活。胰蛋白酶在钙存在的情况下自己就激活了，转而又激活了糜蛋白酶和羧肽酶。淀粉酶和脂肪酶以活性形态产生。胰液还包含重碳酸盐，是迅速降低由胃进入十二指肠食糜酸度的重要因子，从而使酸碱度（pH值）处于中性。

由于十二指肠的分泌增加了食糜的量。这些分泌物全是碱性和黏液性的，主要包括重碳酸盐和少量的淀粉消化酶。在空肠和回肠消化过程继续进行。几乎所有的消化过程都是在小肠中进行的，小肠的不断蠕动和混合起辅助作用。

大肠包括两部分。一个呈袋状结构的被称为盲肠，另一部分是结肠，通向直肠和肛门。这部分消化道没有消化液分泌。猪的盲肠很小，相对来说没有任何功能。肠内容物在结肠运动很慢，粗纤维被微生物不同程度地消化，产生挥发性脂肪酸，猪吸收这些脂肪酸作为能量利用。虽然日粮中这种形式来源的能量不多，但对老龄动物还是比较显著的。

大肠的主要功能是吸收水分和无机盐。在直肠形成粪便，并贮在那里等待由肛门排出。食物通过全部消化道需要24~36小时。

二、吸收

吸收是营养物质通过肠壁进入血液循环的过程。淀粉、蛋白质、脂肪被消化后，营养物质就准备被吸收进入猪的血液循环。这些营养物质的吸收是在小肠中进行的，被吸收的营养通过血液被带到身体所需要的各个器官。小肠内壁的结构可确保营养物质能被有效地吸收，其表面由被称为绒毛的指状凸出物组成，以增加肠壁表面积来增加吸收能力。绒毛周围是更小的凸出物，被称作微绒毛，它进一步增加肠壁的表面面积。小肠壁包含了非常特殊的细胞，它具有吸收功能。

第三节 饲料原料及主要营养成分

在养猪场成本中，饲料占到80%左右，所以，饲料的合理应用，是十分值得规模化养猪场重视的。

一、猪的营养需要

猪的营养标准、日粮中粗纤维含量、维生素及矿物质添加量以及对水的需要量如表3-1至表3-5。

表3-1 猪的最低营养标准

营养成分	单位	乳猪	仔猪	育成猪	育肥猪	哺乳母猪	妊娠母猪
消化能	Kcal/千克	3 400	3 350	3 300	3 200	3 350	3 100
粗蛋白	%	21	19	16	14	16	14
赖氨酸	%	1.25	1.25	0.8	0.65	0.8	0.6
可消化赖氨酸	%	1.0	0.8	0.65	0.5	0.65	—
蛋氨酸+胱氨酸	%	0.75	0.6	0.48	0.4	—	—
苏氨酸	%	0.85	0.68	0.55	0.44	—	—
钙	%	0.90	0.80	0.80	0.80	0.90	0.90
磷	%	0.70	0.65	0.65	0.70	0.70	0.70
盐	%	0.40	0.40	0.40	0.40	0.40	0.40
维生素 A	I.U	7 500	7 500	5 000	5 000	5 000	7 500
维生素 D	I.U	750	750	500	500	750	750
维生素 E	I.U	35	35	30	30	35	35
胆碱	毫克	600	600	300	300	600	600

表3-2 猪日粮中粗纤维的最高含量

日粮	百分比	日粮	百分比
幼猪日粮	3.5~4.0	哺乳猪日粮	6.0~8.0
生长猪日粮	1.0~5.0	妊娠猪日粮	25.0
育肥猪日粮	5.0~7.0		

表3-3 猪日粮中维生素的建议添加量

维生素/单位	哺乳及断奶仔猪	生长及育肥猪	母猪及公猪
	(每千克日粮需要量)		
维生素A（IU）	7 500	5 000	7 500
维生素D（IU）	500	500	1 000
维生素E（IU）	40	40	60
维生素K（毫克）	2	2	2
维生素B_{12}（微克）	30	25	25
核黄素（毫克）	12	12	12
烟酸（毫克）	40	30	30
泛酸（毫克）	25	20	20
胆碱（毫克）	600	300	600
生物素（毫克）	250	0	250
叶酸（毫克）	1.6	0	4.5

表3-4 猪日粮中矿物质的建议添加量

矿物质单位	哺乳仔猪	断奶仔猪	生长猪	育肥猪	哺乳母猪	妊娠母猪
钙（%）	0.95	0.8	0.7	0.6	0.9	0.9
磷（%）	0.75	0.65	0.6	0.5	0.7	0.7
食盐（%）	0.3	0.3	0.3	0.3	0.5	0.5
铁（毫克/千克）	150	150	150	150	150	150
镁（毫克/千克）	20	20	20	12	12	12
锌（毫克/千克）	120	120	120	100	100	120
铜（毫克/千克）	125	125	20	20	20	20
碘（毫克/千克）	0.2	0.2	0.2	0.2	0.2	0.2
硒（毫克/千克）	0.3	0.3	0.3	0.3	0.3	0.3

表 3-5　猪在不同阶段和生理功能情况下对水的需要

猪的不同阶段	日消耗水量（升）	饮水器离地高度（厘米）	安装角度
哺乳仔猪	适当数量以满足补饲料	12	45°
断奶仔猪	1.3~2.5	25	90°
生长猪	2.5~3.8	25~35	90°
育肥猪	3.8~7.5	55	45°
断乳母猪、后备猪及公猪	13~17	80~90	90°
哺乳母猪	18~23	80	90°

二、猪的饲料种类

(一) 蛋白质饲料

蛋白质饲料是指饲料干物质中粗蛋白含量在 20% 以上、粗纤维含量在 18% 以下的饲料。这类饲料的主要特点是粗蛋白含量多且品质好，其赖氨酸、蛋氨酸、色氨酸等必需氨基酸的含量高，粗纤维含量少，易消化。如肉类、鱼类、乳品加工副产品、豆饼、花生饼、菜籽饼等。

1. 植物性蛋白质饲料

(1) 豆粕（豆饼）。大豆原产于我国，主要分布在东北、华北、西北及内蒙古自治区等地。据吉林省农业科学院畜牧所分析，大豆含粗蛋白 36.2%、粗脂肪 16.1%，由于富含蛋白质、脂肪等营养成分，适合于作为猪的精饲料。而豆粕是大豆榨油之后的附属品，属蛋白原料。应用豆粕时要注意以下事项。

①作为蛋白饲料原料，配合饲料中，豆粕的含量要根据猪的不同生长阶段和生长要求而定，其量不能太高，也不能太低。②根据豆粕和本身蛋白质的含量，适当调整其在配合饲料

中的百分比。因为大豆产区发生自然灾害等情况时大豆的蛋白质含量降低，若不及时调整配方，对猪的生长发育会造成一定的影响。③大批使用的豆粕，每批都要检验。一是检验有无掺假现象，有时可能发现豆粕里掺有菜籽等；二是检验蛋白质的含量，以确保豆粕的可利用性和有效性。④豆粕颜色以浅黄色为主，太深则过熟，太浅则过生，过熟或过生的豆粕都会降低其利用率，影响猪的正常生长。

（2）花生粕（饼）。花生粕是脱壳的花生籽实制油后的副产品，其营养价值因花生壳混入量的多少而不同。不含壳的花生粕含粗蛋白43%以上，但蛋白质品质不如豆粕，主要原因是赖氨酸含量低，所以营养价值低于豆粕。花生和花生粕都易感染黄曲霉，产生黄曲霉毒素B_1，我国饲料卫生标准（GB 13078—2001）规定：花生粕（饼）黄曲霉毒素B_1<0.05毫克/千克。猪采食含有黄曲霉毒素B_1饲料后，畜产品中残留的黄曲霉毒素B_1同样危害人类。花生粕（饼）含油高，在高温季节容易酸败，所以花生粕（饼）不宜长期贮存。大量饲喂花生粕（饼）能使猪的胴体脂肪变软，肉的品质下降。由于花生粕（饼）中赖氨酸和蛋氨酸含量低，应适当补充合成赖氨酸和蛋氨酸，或与动物性蛋白质饲料配合使用，比单一使用效果更好。

（3）棉籽饼。棉籽饼是棉籽去皮或部分带皮榨油后的副产品。棉籽饼含粗蛋白30%以上。棉籽饼赖氨酸含量较低，在饲喂时不能单独使用，应与其他蛋白质饲料配合使用。棉籽中含有有毒物质游离棉酚，游离棉酚能使猪发生腹水、心脏肥大、肺水肿等。随着游离棉酚的增多，猪的生长速度下降。为了防止游离棉酚的有毒作用，可用棉籽饼和硫酸亚铁按1∶5（$FeSO_4 \cdot 7H_2O$）或1∶1（$FeSO_4 \cdot H_2O$）的比例添加，经充分混合后饲喂。在仔猪词料中不要用棉籽饼，在商品肉猪中游离棉酚含量应小于0.02%。

(4) 菜籽粕（饼）。菜籽粕（饼）是油菜籽制油后的副产品。含粗蛋白37%以上，赖氨酸含量低，蛋氨酸含量高。菜籽粕含有硫葡萄糖苷，在体内相应酶的作用下产生有毒物质恶唑烷硫酮和异硫氰酸酯，能使甲状腺肿大。现已培育出含低硫葡萄糖苷的油菜品种，应推广应用。菜籽粕还含有单宁，适口性差。仔猪不要饲喂菜籽粕，育肥猪不要超过8%，母猪不要超过4%。

(5) 向日葵仁粕（饼）。向日葵仁粕（饼）是向日葵仁（部分带皮）制油后的副产品。向日葵仁粕因带皮的多少营养水平相差很大。粗蛋白23%~38%，粗纤维15%~28%，蛋白质中赖氨酸含量低，蛋氨酸和脂肪含量高，B族维生素丰富。向日葵仁粕（饼）与豆粕或动物性蛋白质饲料配合使用效果较好。

(6) 其他加工副产品。玉米加工副产品如玉米蛋白粉、玉米蛋白饲料，制酒、酱油加工副产品如酒糟、酱油渣等，此类饲料中粗蛋白含量在22%~28%，属于蛋白质饲料。玉米蛋白粉是将玉米胚芽和外皮去掉，将淀粉与蛋白质分离后，蛋白质部分脱水干燥后的产品，一般含蛋白质45%~65%，蛋白质品质较差，赖氨酸和色氨酸含量低，蛋氨酸和亮氨酸含量高。玉米蛋白饲料是玉米除胚芽和淀粉外的所有物质，含粗蛋白20%左右。酒糟是制酒后留下的残渣，有酒糟、啤酒糟和酒精糟等。营养价值因酿酒原料和产品品种不同而有区别，一般酒糟（DDGS）喂猪效果较好。酒糟干物质中含蛋白质20%~30%，含有丰富的B族维生素。在制酒工艺中需渗入稻壳等，使酒精中粗纤维含量高。酒糟不适合饲喂仔猪和母猪。鲜酒糟含水多不易贮存，可晒干粉碎后饲喂。酱油渣和豆腐渣是大豆加工副产品，干物质中含粗蛋白19%~29%，新鲜产品含水分50%~80%，不易保存。酱油渣中含食盐7%~8%，不宜多喂，否则会引起食盐中毒。大豆中含蛋白酶抑制因子应煮熟后饲喂。

2. 动物性蛋白质饲料

动物性蛋白质饲料包括鱼粉、肉骨粉、血粉、蚕蛹和羽毛粉等。最大特点是蛋白质含量高,一般蛋白质含量在50%~80%。动物性蛋白质饲料含碳水化合物少,粗纤维几乎是零,有些如蚕蛹、鱼粉等含脂肪高,所以能量高。由于脂肪含量高易酸败,在饲料中用量不宜过多,鱼粉用量多易使脂肪变软,甚至产生不良气味。这类饲料灰分高,一般在4.9%~6.8%,鱼粉灰分含量在10%以上。灰分中钙和磷的比例适宜,故其也是钙、磷的补充饲料。维生素中B族维生素丰富,尤其是核黄素和维生素B_{12}。动物性蛋白质饲料中血粉和羽毛粉等消化利用率低,在配合饲料中用量不宜过多。鱼粉是优质蛋白质饲料,但价格较高,只用于仔猪和泌乳母猪,商品肉猪可以不用。国产鱼粉中有的产品食盐含量很高,应测定食盐含量,根据食盐含量确定在饲料中的用量,盲目使用鱼粉易发生食盐中毒。

(二) 能量饲料

能量饲料主要成分是无氮浸出物,占干物质的70%~80%,粗纤维含量一般不超过4%~5%,脂肪和矿物质含量较少,氨基酸种类不齐全。如玉米、高粱、小麦和大麦、稻谷、麦麸、米糠、甘薯、马铃薯等。

(三) 青绿多汁饲料

这类饲料来源广,产量高,成本低,采收时间长,富含维生素,幼嫩多汁,适口性好,但要洗净生喂,不要熟喂。如紫花苜蓿、苦荬菜、番薯秧、水生青绿饲料、蔬菜类等。

(四) 粗饲料

这类饲料体积大,粗纤维含量多,不易消化。如花生秧、树叶、番薯藤、青干草等。

(五) 青饲料

在青绿饲料较多的季节,采用窖藏或大塑料袋藏的办法,把青绿饲料贮存起来,这种饲料叫青贮饲料。青贮饲料是长期保存青饲料营养物质和保持多汁性的一种简单可靠的方法,其适口性好,猪也爱吃。坚持饲喂配合饲料的同时,每天添加0.5~1千克的青绿多汁饲料,可保持公猪良好的食欲和性欲,一定程度上提高了精液的品质和数量。

(六) 矿物质饲料

矿物质饲料可为猪提供生长发育所需要的各种常量和微量元素,如骨粉、石粉、蛋壳粉和牡蛎粉、磷酸钙和磷酸氢钙等。

(七) 维生素及添加剂

维生素饲料主要指工业合成或提纯的脂溶性维生素和水溶性维生素,如常用的维生素有维生素 A、维生素 D_3、维生素 E、维生素 K_3、维生素 B_2(核黄素)、维生素 B_1、维生素 B_{12}、烟酸、泛酸和叶酸以及胆碱等。而这里指的饲料添加剂不包括营养性饲料,主要还有抗氧化剂、着色剂、防腐剂、防霉剂、生长促进剂、驱虫剂、抗菌剂、激素等物质。

三、添加剂和全价饲料

(一) 饲料添加剂

饲料添加剂是添加到配合饲料中的各种微量成分,主要作用是为了平衡配合饲料的全价性,提高其饲喂效果,促进动物生长和防治动物疾病,减少饲料贮存期间营养物质的损失及改进猪产品品质,提高经济效益。其类型包括氨基酸添加剂、微量元素添加剂、维生素添加剂、酶制剂和防霉剂等。使用饲料添加剂时要注意以下事项。

(1) 饲料添加剂都有一定的保质期,贮存完好的可在保质期内使用，超过保质期效果会明显下降；天气潮湿或贮存不好时，要根据情况及早用完。一旦有变质现象出现，立即停用。

（2）好的饲料添加剂有很强的稳定性。对于技术不过关的厂家或生产商，其添加剂的稳定性也不可信。经试验对比后，选择使用效果明显、稳定性强的饲料添加剂，在生长正常的情况下，最好不要经常更换，以免影响生长的正常进行。

（3）一般饲料添加剂的用量比较少，多以4%的为主，最多的可达25%，在配制全价饲料时，与饲料原料混合要均匀，避免结成团块或集中在一起的现象。混合不均匀时，整个猪群的生长发育不平衡，甚至造成猪的正常生长受限。

（二）全价饲料

全价饲料是指由饲料原料、饲料添加剂、矿物质、微量元素等经混合加工后制成的可直接饲喂猪只的饲料，规模较大的猪场一般采用场内加工的方式来配制。使用全价饲料时要注意以下事项。

（1）原料粉碎时颗粒不能过大或过小，过大时，猪只难以消化，造成下痢；过小时，可造成猪胃溃疡或容易引起呼吸道疾病。一般来说，除了特制的颗粒料或破碎料外，全价饲料的粒径大小依次为：小猪<中猪<大猪、种公猪、母猪。

（2）全价饲料预混时要保证足够的时间，一般预混时间为5分钟左右。时间太短，各种添加剂等与原料混合不均匀，平衡失调；时间太长，浪费人力、物力，影响生产的正常进行。

（3）全价饲料从混合好开始至喂完，时间一般不要超过3天，有条件的猪场最好当天喂完，以保证饲料的新鲜度和适口性。保存时间太长，特别是阴雨天气，饲料易发热变质，另外，一些微量元素、维生素等也易氧化，从而影响饲喂效果。

（4）全价饲料在猪舍内不宜停放太长时间。猪舍内一般空气流通性差，氨气太浓，蚊蝇较多，容易引起一定程度的污染。因此，运到猪舍内的饲料最好当天用完，若需保存，在饲料加工厂或仓库保存效果比较好些。

（5）全价饲料的配制要根据猪只不同生长阶段的需要严格执行营养标准，分阶段配制。

第四节 猪的日粮配合

配合猪的日粮首先要根据猪对各种营养素的需要而制定饲养标准，然后要有一个常用饲料营养成分表。饲养标准所要求的各项营养指标在饲料成分表中都要表达出来。

一、猪的饲养标准

（一）基本概念

1. 饲养标准

是指猪在一定生理生产阶段，为达到某一生产水平和效率，每头每日供给的各种营养物质的种类和数量或每千克饲粮各种营养物质含量或百分比。它加有安全系数（高于最低营养需要），并附有相应饲料成分及营养价值表。

2. 营养需要

指猪对各种营养物质的最低需要量，它反映的是群体平均需要量，未加安全系数。生产实际中应根据具体情况适当上调，满足猪对各种营养物质的实际需要量。

3. 营养供给量

是根据猪的最低营养需要量、结合生产实际、加上保险系数后的人为供应量。它能保证群体大多数猪只的营养需要得到满足，安全系数过高也容易造成浪费。

(二) 饲养标准的用途

饲养标准的用途主要是作为配合日粮、检查日粮以及对饲料厂产品检验的依据。它对于合理有效利用各种饲料资源，提高配合饲料质量，提高养猪生产水平和饲料效率，促进整个饲料行业和养殖业的快速发展具有重要作用。

(三) 饲养标准的形式

猪的饲养标准是以营养科学的理论为基础，以科学试验和生产实践的结果为依据制定的。它是理论与实际结合的产物，具有很高的科学性和实用性。世界上许多国家都制定有本国猪的饲养标准，例如我国1983年制定的《肉脂型猪的饲养标准》，1984年制定的《瘦肉型生长育肥猪的饲养标准》；美国国家研究委员会（NRC）1998年发表的第十版《猪的营养需要》；英国农业科委（ARC）1981年发表的第二版《猪的营养需要》。具有代表性的饲养标准有美国NRC《猪的营养需要》，英国ARC《猪的营养需要》，中国《肉脂型猪的饲养标准》等。

营养需要和饲养标准的区别是前者为最低需要量，未加保险系数；后者为实际生产条件下的营养需要，加有保险系数。

(四) 饲养标准的性质和应用

1. 饲养标准的科学性、实用性与相对合理性

饲养标准以营养科学理论为基础，以生产实践结果为依据，它的各项指标和数值都是从大量的科学试验得来，又经过中间试验和生产验证，因此具有高度的科学性和实用性。然而由于实际生产条件复杂多样，动物的营养需要受许多因素的影响，诸如动物的品种、类型、年龄、性别、生理状态、生产水平、生产目的、地区、气候、饲料资源、饲养条件、饲养方式以及社会经济条件等，所以饲养标准的科学性是相对于生产上的盲目性而言，它本身具有一定的局限性，它规定的需要量数

值不可能太细、太具体，反映的是群体的平均数，因而具有概括性。又由于饲养标准是在一定的科学技术水平下制定的，营养科学中还有许多未知的内容尚待探讨，所以它的科学性和实用性是相对于目前科学技术和生产条件下的科学性和实用性，因而具有相对合理性。

2. 饲养标准的普遍性、地域性与特殊性

世界各国制定饲养标准都依据共同的营养、饲养科学的理论基础和实验手段，所以饲养标准的基本原理和基本内容有许多共同之处，一个国家的饲养标准往往被另外一些国家所采用，或作为借鉴以制定自己国家的饲养标准，因此饲养标准具有一定的普遍性。然而，由于各国的社会经济制度、管理条件、生产目标、饲料资源、动物种类、环境条件等存在不同，各国的饲养标准又有差异，所以饲养标准又具有明显的地域性和特殊性。

3. 饲养标准的原则性和灵活性

任何饲养标准的产生，既是当时当地科学技术发展水平的反映，又是来源于饲养实践，反过来又指导新的实践，为畜牧生产服务，使畜牧生产者有了科学饲养的依据。饲养标准的提出，一方面使饲料工业生产配合饲料有章可循，另一方面使畜牧工作者饲养动物有据可依，因此在饲养实践中应力求按照饲养标准配制日粮，核计日粮，进行配合饲料的生产，提高配合饲料质量，坚持饲养标准的原则性；然而，畜牧业生产的条件是非常复杂和千变万化的，影响的因素也很多，因此，在使用饲养标准时，又要掌握灵活性。但是，灵活性不是随意性，因为饲养标准的灵活应用是以当代营养和饲养科学理论为依据，以具体实践为基础的。所以使用时应根据生产条件的具体情况和实际应用后的效果加以适当的调整，灵活地应用，不能生搬硬套，从而使饲养标准更加切合当时当地条件以及某一动物具体的生产实际。

二、猪的饲粮配合

单一饲料不能满足猪的营养需要,难以获得较高的生产水平。在生产实践中应选择几种当地生产较多、价格合适的饲料原料,包括能量饲料、蛋白质饲料、矿物质饲料等,同时购买必需的维生素、微量元素及其他添加剂预混料,依据饲养标准所规定的各种营养物质的数量进行配合,这一过程和步骤称作饲粮配合。

(一) 饲粮配合的原则

1. 首先应选用适宜的饲养标准和饲料营养成分表

根据所养猪的品种、类型,依照我国已有的饲养标准,或参考国外的饲养标准如 NRC 标准,并通过饲养实践中生产性能的反映对标准酌情修正。饲料成分表的选用参照国内的数据库,确定采用相应饲料品种的数据时应注意样品的描述,如含水量、容重、加工方法等。查找氨基酸含量应注意主要指标如粗蛋白、钙、磷等是否与自己准备使用的相接近。在能值确定上,对于一些谷实类及变异较小的、规格上较为一致的原料如玉米、豆粕、菜籽粕等,通过比较含水量、粗蛋白、粗脂肪即可基本确定应查哪一份成分表。

2. 适口性原则

注意日粮的适口性,把握不同原料的适宜比例,尤其控制适口性差的原料比例。避免选用有毒、发霉、变质的饲料。

3. 多样搭配原则

根据不同阶段猪的消化生理特点,选用适宜的原料,并力求多样搭配,饲粮粗纤维含量乳仔猪不超过 4%,生长育肥猪不超过 6%,种猪不超过 8%。

4. 经济性原则

尽量选用营养丰富而价格低廉的饲料。

(二) 各种饲料在饲粮中的使用范围

见表3-6。

表3-6 各种饲料的使用范围 (%)

饲料种类	仔猪	生长猪	育肥猪	妊娠母猪	哺乳母猪	饲料种类	仔猪	生长猪	育肥猪	妊娠母猪	哺乳母猪
玉米	70	80	90	85	85	胡麻粕	5	10	10	10	10
小麦	60	80	90	85	85	肉骨粉	5	5	5	10	10
高粱	60	85	85	80	80	豆粕	24	20	20	25	25
大麦	25	80	60	80	80	菜籽粕	0	10	10	10	8
燕麦	0	20	20	40	15	脱脂乳粉	40	0	0	0	0
小麦麸	20	30	30	30	30	乳清粉	20	5	5	5	5
血粉	0	3	3	3	3	骨粉	2	2	2	2	2
棉籽粕	0	5	5	5	5	糟渣	0	5	5	10	6
鱼粉	5	10	5	10	10	苜蓿草粉	0	5	5	50	10

(三) 饲粮配合方法

饲粮配合的方法主要有两类,一是手工配合,二是利用计算机软件。手工配合又分方块法、联立方程式法、矩阵法、试差法等。下面以简单、常用的试差法为例,说明日粮配合的基本方法。

1. 试差法

根据猪不同阶段的营养要求或已确定的饲养标准,先粗略拟定一个配方,然后计算养分含量,再与饲养标准进行比较,通过调整各原料比例,直到达到标准要求为止。其具体步骤如下。

第一步:查出饲养标准,列出猪的各营养物质需要的数量。

第二步:确定使用的饲料原料,查饲料营养成分及营养价值表,列出所用饲料的营养含量。

第三步:初步拟定所用各种饲料的大致比例,并进行计算,得出初配饲料计算结果。

第四步:将结果与标准比较,依其差异程度调整配方比例,再进行计算、调整,直至与饲养标准接近为止。

下面举例说明试差法配合饲粮的具体方法。

60~90千克生长育肥猪阶段全价饲料配制。

现有饲料种类为:玉米、豆粕、麸皮、胡麻粕、石粉、食盐和预混料。

(1) 查60~90千克肉猪饲养标准。消化能12.97兆焦/千克,粗蛋白14%,钙0.5%,总磷0.4%,赖氨酸0.63%,蛋氨酸+胱氨酸0.32%,食盐0.25%。

(2) 查猪的饲料成分及营养价值表(略)。

(3) 试配,初步确定各种饲料在配方中的百分比,并进行计算,得出初配饲料计算结果,并与饲养标准比较(表3-7)。

表3-7 消化能和粗蛋白的需要量比较

饲料种类	配比(%)	消化能(兆焦/千克)	粗蛋白(%)
玉米	67	0.67×14.48=9.702	0.67×8.6=5.762
豆粕	8	0.08×13.3=1.064	0.08×43=3.44
亚麻粕	5	0.05×12.22=0.611	0.05×33.1=1.655
麸皮	17.7	0.177×11.38=2.014	0.177×14.2=2.513
石粉	1		
食盐	0.3		
预混料	1		
合计	100	13.39	13.37
饲养标准		12.97	14
与饲养标准比较		+0.42	-0.63

(4) 调整消化能、粗蛋白的需要量与饲养标准比较,消化能略高、粗蛋白略低,那么要降低能量水平,提高粗蛋白水平,先考虑降低玉米比例,增加麸皮用量。因消化能比标准高

出0.42兆焦/千克，每使用1%的麸皮代替玉米，可使能量降低0.031兆焦（14.48×1%－11.38×1%），则麸皮代替玉米的数量为0.42/0.031＝13.5，调整后的日粮配方如表3-8。

表3-8 调整后营养成分计算结果

饲料种类	配比(%)	消化能(兆焦/千克)	粗蛋白(%)	钙(%)	磷(%)	赖氨酸(%)	蛋氨酸+胱氨酸(%)
玉米	53.5	7.75	4.6	0.021 4	0.112 3	0.123	0.144
豆粕	8	1.06	3.44	0.025 6	0.049 6	0.190 4	0.072
亚麻饼	5	0.61	1.65	0.029	0.039	0.066	0.04
麸皮	31.2	3.55	4.43	0.043 7	0.187	0.202 8	0.231
石粉	1			0.35			
食盐	0.3						
预混料	1						
合计	100	12.97	14.12	0.47	0.387 9	0.582	0.487
饲养标准		12.97	14	0.5	0.4	0.63	0.32
与标准比较		0	+0.12	－0.03	－0.012 1	－0.048	+0.167

（5）调整钙、磷含量，氨基酸需要量因钙、磷都略缺乏，故补充既含钙又含磷的饲料，骨粉含钙36.1%，磷16.4%，可代替等量麸皮，添加量为0.03/（36.1%－0.14%）≈0.1，赖氨酸缺乏0.048%，故应补充，若预混料中含有赖氨酸，就不必另行补充了。调整完毕后的配方为：玉米53.5%，豆粕8%，亚麻饼5%，麸皮31.1%，石粉1%，骨粉0.1%，食盐0.3%，预混料1%。配方含消化能12.96兆焦/千克，粗蛋白14.11%，钙0.506%，磷0.404%，与饲养标准接近。

2. 用计算机软件配合饲料

随着饲料工业的发展和饲料行业竞争的日趋激烈，要求配方设计者采用很多种原料，考虑多项营养指标，设计出营养成分合理，价格低廉的饲料配方。手工计算不但十分烦琐，而且准确性差，效率低。计算机配合饲料技术的应用越来越受到用户的欢迎。

优选配方的步骤一般如下。

第一步：根据饲料资源、库存情况、价格、被饲动物及其所处的生理阶段、生产水平等情况确定采用哪些饲料原料。

第二步：根据动物的生产水平、生产环境等情况确定动物应用营养指标的需要量。

第三步：饲料原料的营养成分含量因地而异，故最好对原料进行取样分析，依据实际分析结果。

第四步：确定饲料用量范围，否则计算机可能大量采用某种原料而不用另一种，因此要对某些饲料规定使用量。

第五步：查实饲料原料的价格。

第六步：将上述各步的数据分别输入计算机。

第七步：运行配方计算程序，求解。

第八步：审查计算机配出的配方，可进行必要的修正，使配方既符合约束条件，又科学合理，适口性强，价格低廉。

第五节 饲料选购及配制

一、原料或配合料选购

养猪生产过程中，饲料生产及供应在不同类型和不同规模猪场有着不小的差异，对饲料的品质要求和质量控制是养猪生产者必须重视的一个环节。猪场可根据自身的规模、实际条件选择自配料、全价配合饲料或两者相结合。配合饲料的料型有粉状、颗粒状和液状，一般以粉状为主。根据原料组成和营养素构成可把配合饲料分成预混料、浓缩饲料和全价饲料，预混料和浓缩饲料是半成品，不能直接饲用，而全价配合饲料是最终产品，可以直接饲喂动物。

（一）添加剂预混料

添加剂预混料是由营养物质添加剂（维生素、氨基酸和微量元素）和非营养物质添加剂（抗生素、抗氧化剂、驱虫剂等），并以石粉或小麦粉为载体，按规定量进行预混合的一种产品，可供养殖场平衡混合料之用。另外，还有单一的预混料，如微量元素预混料、维生素预混料、复合预混料等。预混料是全价配合饲料的重要组成部分，虽然只占全价配合饲料的10%~25%，却是提高饲料产品质量的核心部分。预混料与浓缩料相比能很好地适应精细化饲养的要求，调配成全价料，平衡性要相对好些。

（二）浓缩饲料

浓缩饲料又称平衡用配合饲料，是由添加剂预混料、蛋白质饲料、常量矿物质饲料等按比例配合而成。蛋白质含量一般为30%~75%。浓缩饲料不能直接饲用，必须与一定比例的能量饲料混匀后才能使用。浓缩饲料常见的有二八料（2份浓缩饲料与8份能量饲料混合）、三七料（3份浓缩饲料与7份能量饲料混合）和四六料（4份浓缩饲料与6份能量饲料混合）。选择浓缩料可以减少养殖户采购蛋白饲料的麻烦。但浓缩料一般是一种通用料，如小、中、大猪使用同一种浓缩料，各阶段添加比例不同，按推荐的比例配制成全价料后，满足需要量是有一些误差的，是近似的满足。

（三）全价配合饲

全价配合饲料又称全日粮配合饲料，是根据猪的不同生理阶段和生产水平，把多种饲料原料和添加剂预混料按一定的加工工艺配制而成的均匀一致、营养价值完全的饲料。全价配合饲料使用方便，能够解决部分养殖户原料短缺不易采购的麻烦，可直接饲用，无需添加任何饲料或添加剂。一般建议猪场在教槽或保育阶段选择全价配合饲料，其他阶段如生长肥育阶段，饲料企业通常通过选择非常规原料代替常规原料来降低成本，但非常规原料一般来说营养价值比较低，应慎重选购。猪用全价配合饲料按形状又分为颗粒状饲料和粉状饲料两种。

总之，猪场可根据自身的情况和条件选择购买全价配合饲料、浓缩料或选择预混料及所需原料自己配制成营养价值平衡的全价饲料。根据实际情况，尽量选用本地易采购到，供应充足的原料，切忌猪饲料配方因原料原因经常变动，这样不利于猪只生产性能的发挥。使用全价料或浓缩料的猪场可从声誉好、质量有保证的大的厂家购买，不同猪只饲料的购买量可根据前面的不同阶段的猪只的采食量进行计算后确定。

二、饲料配制

使用自配料的猪场配制饲料前首先要考虑猪只各阶段的营养需要或饲养标准，必须按猪只相应的营养需要配制，首先保证猪只对能量、蛋白质及限制性氨基酸、钙、有效磷、地区性缺乏的微量元素与重要性维生素的供给量，根据当地饲养水平、季节等条件的变化，对选用的饲养标准可做10%左右的增减调整，最后确定符合自己猪场品种和环境条件的营养需要。饲料的配制应满足以下几个原则：第一，满足能量优先的原则，动物为能而食，在营养中最重要的指标是能量，必须在优先满足能量需要的前提下，才能考虑蛋白质、氨基酸、矿物质和维生素等其他养分的需要。第二，多养分平衡原则，能量与其他养分之间以及其他养分之间的比例应符合营养需要，如果饲料中营养物质之间的比例失调，营养不平衡，必然导致生产性能降低。日粮中能量低时，蛋白质含量也相应降低，日粮能量高时，蛋白质的含量也相应提高。第三，适当控制饲料中粗纤维的含量，猪是单胃动物，对饲料中粗纤维的消化能力较差，饲料配方中不宜采用含粗纤维高的饲料，且粗纤维的含量也直接影响日粮的能量浓度。但是妊娠母猪日粮除外，其日粮粗纤维含量可高达25%，因为妊娠母猪妊娠期间采用限饲，采食量低，容易发生便秘，而粗纤维可促进肠道蠕动，足够的粗纤维含量可减少妊娠母猪的便秘。

三、饲料选择

(一) 开口料的选择

开口料或教槽料的日粮应具有较好的消化性、适口性和诱食性。因为仔猪早期具有高水平乳糖酶分泌能力,这种日粮应包含高水平(20%~25%)的乳糖(乳清粉、脱蛋白乳清粉、渗透脱水乳清粉、结晶乳糖),以作为碳水化合物(能量)的来源。并且要求使用一些熟化的原料,如膨化玉米、膨化大豆等,并使用血浆粉、鱼粉、脱脂奶粉、乳清浓缩物和血粉,这些易消化的饲料原料还可增加猪的采食量。因开口料原料要求和生产要求较高,所以不建议猪场自己生产,可选择市场上质量好、口碑好的几家教槽料进行试验对比。

(二) 保育料选择

保育料的日粮同样应具有较好的消化性、适口性和诱食性。日粮中最好含适当水平的乳糖(2%~5%)作为碳水化合物(能量)的来源。并且要求使用一些熟化的原料,如膨化玉米、膨化大豆等,并使用鱼粉、乳清浓缩物,因某些原料,如鱼粉的质量把控需要专业的人员和设备要求较高,根据经验,市场上假鱼粉或质量差的鱼粉较多,一般人员难以鉴别,所以保育料也不建议猪场自己生产,可选择市场上质量好、口碑好的20%或40%的保育浓缩料。

(三) 生长育肥料选择

生长肥育猪的日粮要求相对不高,可选择市场上质量好、口碑好的预混料4%~10%,自己生产成全价配合饲料,根据本地情况及原料价格选择非常规原料代替常规原料来降低成本,但非常规原料一般来说营养价值比较低,消化利用率低。猪场养殖者可根据原料成本,配制出性价比最好的全价饲料。

第四章 饲养管理

第一节 猪场管理的基本知识

一、影响养猪经济效益的主要因素

（一）品种不对路，商品猪品质差

种猪的优劣是决定养猪效益高低的基本条件之一。要取得最佳效益，必须有优良的品种做保证，而目前农村地方杂种猪还占有一定的比例，三元杂交猪所占比例并不高。虽然有些养殖户走自繁自养之路，但近亲繁殖现象普遍。农民在选购仔猪时只求价格便宜，不问品种优劣，导致猪生长缓慢、瘦肉率低、饲料报酬差、售价不高。

（二）猪场选址不科学，生产力低下

由于近年来生猪市场行情较好，小规模的养户也随之增多，而大部分养户又不注意场址的选择，多在公路两旁或村庄内搭建临时猪舍。有的甚至在自家院内利用破旧的房屋养猪。猪舍建筑结构与布局不合理，设备简陋，保温隔热性能差，湿度大，通风不良，粪污随地排放，加上清扫不及时，不仅不能为生猪生长提供舒适的生活环境。而且夏天容易引起中暑，冬天易诱发感冒和传染性胃肠炎等疾病，无法充分发挥其生产潜力，导致生猪生产周期过长，造成人力、物力和财力的浪费。

(三) 传统养猪观念落后，市场风险意识差

有的养户喜欢把猪养到春节前出售，集中上市，供大于求，势必引起肉价回落，减少收益；有的养户喜欢喂养超大猪，把猪饲养到140千克以上才出售，这些猪后期生长缓慢，饲料报酬低，不仅浪费了人工和饲料，而且一旦遇到突发疾病，损失惨重；有的养户根本没有风险意识，看到仔猪贵便盲目发展母猪，看到市场肉价上涨便盲目扩大商品猪生产规模，把握不了养猪业发展的市场规律，结果形成"多养多赔、少养少赔、不养不赔"的恶性循环。

(四) 免疫程序不科学，疫病防控意识淡薄

预防接种是确保猪只健康生长的首要措施。而有些饲养了母猪的养户不按科学的免疫程序对仔猪进行免疫接种，认为仔猪过早打预防针会影响其生长，通常要饲养到两个多月、体重达20千克以上出售时由防疫员当场打猪瘟疫苗。表面上看仔猪健康买者放心，其实这些仔猪一旦因应激将导致其免疫力差，最容易患病。

消毒灭源也是保证生猪健康生长的重要措施，而有些养户却忽视了消毒灭源工作。认为消毒没有多大作用，抱有侥幸过关心理，猪舍很少消毒，猪舍进出口也不设置消毒池，加上潮湿、卫生条件差，人员进出频繁，遇到环境突变，时常诱发疫病。有的养户即使对猪舍进行了消毒，但药物的配制浓度和使用方法不当，也达不到应有的消毒灭源效果。

(五) 种猪饲养管理粗放，生产性能差

在饲养方面主要表现为小农经济意识强，盲目追求低成本，体现在随意减少日粮中鱼粉、预混料等昂贵原料的添加量，或以霉变的饲料喂猪。在管理上主要表现为种猪利用不当，种公猪配种过早，利用过度，导致公猪早衰而被迫频繁淘汰；种母猪哺乳期过长，导致母猪体质变差，断奶后发情延

迟，有的甚至导致不育；后备母猪配种过早，生长发育不全，终身繁殖力降低。

二、提高养猪效益的思路与对策

养猪业是一项科学性强、见效快但风险性较大的农村致富产业，提高养猪效益，必须转变观念，依靠科学，强化管理。

（一）选择适销对路的优良品种

品种优良是提高养猪效益的基本条件，所以，种猪的选择应充分利用杂交优势。种母猪应选留长大二元杂交母猪，公猪应选用杜洛克。优良品种的种猪产仔数多，其后代商品猪饲料利用率高、生长速度快、瘦肉率高，可大大降低饲养成本；有条件的养户要坚持自繁自养，这样既可节省开支，又能有效防控仔猪因应激而导致疫病的发生与传染。

（二）切实加强种猪的饲养管理

1. 确保种猪饲料营养均衡

饲养种猪应根据其生理阶段不同，按标准供给全价饲料。保证日粮质量安全，切勿饲喂掺假或霉变及刺激性强的饲料。

2. 合理利用种公猪

合理利用种公猪是提高母猪受胎率和产仔数，保证猪场均衡高效生产的重要措施。因此，必须做到配种、营养和运动三者之间的平衡与协调。其配种频率要因公猪年龄、体重而定，如青年公猪一般每周配种 1~2 次，壮龄公猪一般每天 1~2 次，连用 3 天中间要休息 1 天。公母比例不超过 1：20，非特殊情况一般不对外配种，以免传播疾病。其配种量要视膘情而定，保持其良好的种用体况，每天喂量以 3 千克为宜。过肥者要加强运动，瘦弱者每天要增加 0.5 千克左右的饲料喂量，并适量补充鱼粉、维生素和微量矿物质元素等。

3. 加强母猪管理

母猪哺乳期不宜过长，在仔猪早期补饲和加强管理的基础上，根据其体重大小可适当提前断奶，防止母猪过瘦而影响发情与受胎，肥者限饲，瘦者加料。

（三）牢固树立"防重于治"的思想观念

一方面，要彻底改变"有病治病、无病不防"的做法。要积极主动了解周围疫情，根据本场实际制定并认真执行科学的免疫程序，切实做好猪口蹄疫、猪瘟、猪丹毒、猪肺疫、猪副伤寒、猪蓝耳病、猪伪狂犬、猪链球菌和猪细小病毒等疫病的预防接种工作，尤其要做好猪瘟的免疫接种工作。同时，提倡乳猪超前免疫，即新生仔猪在未吃初乳前注射猪瘟疫苗，注射后24小时再喂给初乳，30~35日龄第二次免疫。场内不能饲养其他动物，不要到集市或其他专业户购买仔猪，对购进的种猪要先隔离观察1个月，确认无病后方可混群，种公猪和母猪每半年要接种1次猪瘟疫苗。另一方面，要正确对待消毒灭源工作。要建立健全动物防疫卫生制度，对猪舍进行严格消毒，定期驱虫灭鼠，消灭蚊蝇，猪舍进出口要设置消毒池，安设消毒警示牌。同时，要正确使用消毒药品，最好选购2~3种消毒药物交替使用，避免产生耐药性。

（四）改变传统养猪方法，发展生态养猪模式

养猪业是一个高污染行业，随着人们对环保意识的不断增强，养猪业排泄物中的有害成分，如重金属、兽药、消毒药等引起的环境污染以及病原体引起的公共卫生问题正日益显现出来。因此，必须改变传统的庭院式养猪法，选择具有天然生物防疫屏障的山塘、水库边或远离交通要道、村庄、学校，土质透气透水性好的向阳地带建设猪场。猪舍要东西走向、坐北朝南，确保猪舍充分采光，通风良好。在发展模式上要与种植业、水产养殖业相结合，发展"猪—沼—果""猪—沼—渔"

养猪模式。这样，不仅有利于生猪疫病的防控，保障公共卫生安全，保护生态环境，而且还可以循环利用资源，提高养猪生产效益。

第二节 种公猪的管理

一、喂全价日粮

营养是保证公猪产生优质精液的物质基础，因此，必须喂给营养价值完全的日粮。

二、粗纤维不可多

为了满足公猪能量的需要而又不致使其腹大下垂，日粮应以精料为主，粗纤维含量不宜过多，每千克日粮消化能一般不能低于13.5兆焦。

三、丰富的蛋白质

日粮中蛋白质的数量与质量对精液的数量与质量以及精子的存活时间有很大的影响，一般蛋白质含量应在13%~16%；在配种期可适当增加动物蛋白饲料，并保证钙、磷以及微量元素与多种维生素的需要。

四、饲喂量掌握好

公猪以喂湿拌料（料∶水＝1∶1.2）或干粉料为好，并定时定量。一般喂量为每天2.5~3千克，自由饮水。饲喂量应根据公猪的体重和利用强度灵活掌握，使公猪始终保持其种用体况。

五、补充青饲料

如能每日喂给公猪2千克左右优质青绿饲料，对提高公猪的睾丸发育和繁殖功能将会非常有利（图4-1）。

图4-1 良好的种公猪睾丸外观

第三节 后备、空怀母猪饲养管理

一、后备母猪的饲养

不同类型猪各阶段日投料量不同，这里强调的是一些基本原则。

（1）母猪配种前7~14天短期优饲。

（2）母猪7.5~8月龄参加配种时，体重达到110~120千克，并且背膘不小于18毫米。背膘厚与产仔数呈正比，配种时背膘厚小于18毫米会影响日后的产仔数（图4-2、图4-3）。

（3）对母猪短期优饲存在不同的观点。有试验结果表明，短期优食多得到的排卵数、授精卵数，会被胚胎的更多死亡所抵消，得到的产仔数相差不大；但一般认为短期优饲对提高产仔数是有益的，特别是对于营养水平较差的母猪影响更明显。

图 4-2 良好种母猪阴户外观

图 4-3 种母猪小圈饲养

（4）怀孕后，后备母猪除满足胎儿的营养需要外，还要满足自身生长发育的需要，所以喂料量应比经产母猪高出 10%~15%。

二、空怀母猪的饲养

（1）空怀母猪要经常变动栏舍，每天让公猪从母猪前面走过。注意检查并记录母猪阴道的分泌物，发现炎症的要及时处理。

（2）断奶7天不发情的母猪集中饲养，不断用公猪刺激，注射PG600。

（3）早产、流产母猪，用抗生素预防感染，推后一个发情期配种（30天）。这类猪第一次发情在早产后的6~7天，此时配种受孕率很低。

（4）25~35天复发情母猪，往往是早期隐性流产、胚胎死亡造成的不规则复发情，推迟一个发情期配种。

（5）断奶63天不发情母猪淘汰。

（6）3次复发情的母猪淘汰。

①妊娠检查结果为阴性的母猪，集中饲养，等待发情；或按（5）处理。②早断奶母猪、产后1周断奶母猪，推迟一个发情期配种，这类母猪如有能力要尽量安排其哺乳。③过瘦、过肥母猪，只要发情就可配种。

第四节 妊娠、哺乳、断奶母猪饲养管理

一、妊娠母猪的饲养

（1）配种至30天。不能多喂，因为这一阶段是胚胎损失最多的阶段。试验表明，高水平的饲养会使胚胎的死亡增加，即所谓的"化胎现象"。所以除非是特别瘦弱的母猪，喂料宁少勿多。这一阶段还要特别注意的是饲料的质量，发霉、变质、酸败、有毒的饲料对胚胎有非常不利的影响。

（2）30~84天。这一时期，必须对体况偏肥或偏瘦的猪进行纠正。到了后期（84天以后）纠正体况是一件很困难的

事情，较好的做法是对那些偏肥或偏瘦的猪挂上不同颜色的警示牌，这样喂料时可以得到提醒，从而及时地视情况增减饲料。

（3）84~115天。该阶段，特别是产前21天，是胎儿发育最快的时期，因而要加大喂料量，增加营养的供给，以保证获得较大的初生重。

（4）妊娠期和哺乳期母猪的采食量成反比关系，妊娠期喂料量过多，体况过肥的母猪产后往往有厌食的现象。一方面，母猪乳汁偏少或过于浓稠，易引起乳猪腹泻；另一方面，那些体况过肥的母猪，产后厌食，更多的动用体脂储备泌乳，这样，饲料、体脂、泌乳比单纯由饲料、泌乳多出一个转化环节，能量的每一次转换都存在一定的损失，因而妊娠母猪喂得过多过肥，是一种很不经济的做法。

（5）妊娠母猪料过于精细，母猪易患胃溃疡和便秘。加大粗纤维的含量，可以减少母猪胃溃疡和便秘的发生，可以扩大胃的容积，提高母猪产仔后的食欲。

二、哺乳母猪的饲养

（1）哺乳母猪几乎没有过肥的现象，按照饲养标准的要求，总是处于营养不足的状态，即使是自由采食，母猪的采食量也很难超过6千克/天，因此，哺乳期失重是一种普遍存在的现象。

（2）喂湿料、控制温度使这种短期失重在一个许可的范围（不影响下一胎次的繁殖）。必须增加饲喂的次数，提高日粮的营养浓度，增加喂量，使母猪尽可能少地动用储备泌乳，这是一种经济的做法。

（3）在哺乳期的最初阶段（7天），由于乳猪的食量有限，母体的储备充足，过多的喂量不仅没有必要，而且可能引起母猪的"食胀"，严重影响母猪日后的采食量。

（4）产仔的当天，喂量约为1千克（甚至不喂），以后逐日增加，到第7天达到自由采食状态（图4-4）。

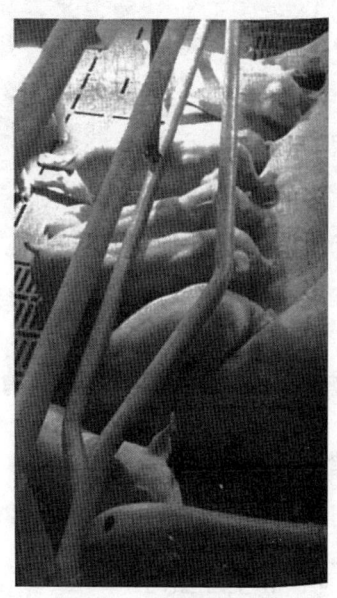

图4-4 健康母仔哺乳

三、断奶母猪的饲养

（1）断奶母猪应该加大饲喂量，充分饲养，以促使其尽早发情配种，增加排卵数。因为母猪发情后，采食量会明显下降，所以在断奶的最初几天，要尽可能克服奶胀给母猪造成的不适，增加母猪的采食量。

（2）奶胀给母猪造成的影响有两方面。一方面，利用奶胀调节母猪的内分泌，刺激母猪尽早发情，缩短断奶到配种的间隔；另一方面，在大肠杆菌危害严重时，会引发母猪乳房炎，可以在这一阶段的饲料中加入药物进行预防，还应尽力改善栏舍的卫生状况，特别是高温的时候，要特别注意（图4-5）。

图4-5 断奶种猪舍（小圈饲养好）

第五节 哺乳仔猪、生长肥育猪管理

一、哺乳仔猪饲养管理

（一）哺乳仔猪的生理特点

（1）生长发育快和生理上的不成熟，造成仔猪饲养难度大，成活率低。

（2）生长发育快，功能代谢旺盛，利用养分能力强。

（3）消化器官不发达，消化腺功能不完善。

（4）缺乏先天免疫力，容易得病。

（5）调节体温能力差，怕冷。

（二）哺乳仔猪补料应注意的问题

28天断奶的仔猪，采食量达到400克是一个很重要的指标。

为锻炼仔猪的胃肠，使其顺利过渡到完全依靠饲料获取营养，必须注意以下几点。

1. 提早补料

应从仔猪出生7天开始进行补料。

2. 少喂勤添

乳猪最初接近饲料,并不是因为饥饿,而是对饲料好奇,采食量很少,一次喂料过多,会降低乳猪对饲料的新鲜感和兴趣,也会造成浪费。

3. 饲料要新鲜

新鲜的饲料比添加香味精、甜味精对乳猪具有更大的吸引力。

4. 保证补料槽的清洁

要及时清洗补料槽中的污物和粪尿。

(三) 哺乳仔猪饲养要点

1. 固定乳头,使仔猪尽快吃足初乳

初乳含有丰富的营养物质和免疫抗体,对初生仔猪较常乳有特殊的生理作用,可增强体质和抗病能力,提高对环境的适应能力;初乳中含有较多的镁盐,具有轻泻作用,可促进胎便的排出;初乳酸度较高,可促进消化道的活动。仔猪有固定乳头吸乳的特性,一经认定至断乳不变。

2. 加强保温,防冻防压

寒冷季节产仔造成仔猪死亡的主要原因,是被母猪压死或冻死,尤其在出生后头3天内。在寒冷环境中仔猪行动不灵敏,钻草堆或卧在母猪腋下,易被母猪压死。寒冷也易使仔猪发生口僵,不会吸乳,导致冻饿而死。仔猪的适应温度:1~3日龄,30~32℃;4~7日龄,28~30℃;15~30日龄,22~25℃;2~3月龄,22℃。

3. 早期补料

初生仔猪完全依靠吃母乳生活。随着仔猪日龄的增加,其体重和所需要的营养物质与日俱增,而母猪的泌乳量在分娩后先是逐日增加,到产后3周龄达到泌乳高峰,以后逐渐下降。

从产后 3 周龄开始，母乳便不能满足仔猪正常生长发育的需要。补充营养的唯一办法就是给仔猪补充优质饲料。补料时间应在产后 7 日龄开始。

(1) 哺乳仔猪提前认料，可促进消化器官的发育和消化功能的完善，为断乳后的饲养打下良好的基础。补料的目的在于训练仔猪认料，锻炼仔猪咀嚼和消化能力，避免仔猪啃食异物，防止下痢。

(2) 断乳前仔猪的补料量可影响仔猪断乳后对饲料蛋白的过敏反应。断乳前若能采食大量补料，使免疫系统产生免疫耐受力，则断乳后就不至于发生对日粮蛋白的过敏反应。若断乳前只饲喂少量日粮蛋白，免疫系统处于应答状态，断乳后再次接触这种日粮抗原时会立即产生严重腹泻。

4. 供给清洁饮水

由于仔猪生长迅速，代谢旺盛，母乳较浓（含脂肪 7%～11%），故需要饮水量较多。如不及时给仔猪补水，会因喝污水或尿液而下痢。

5. 仔猪寄养

仔猪寄养需要注意以下问题。

(1) 母猪产期接近。实行寄养时，母猪产期应尽量接近，主要考虑初乳的特殊作用，最好不超过 3 天。

(2) 被寄养的仔猪要尽量吃到初乳，以提高成活率。

(3) 寄养母猪必须是泌乳量多、性情温顺、哺乳性能好的母猪，只有这样的母猪才能哺乳更多头仔猪。

(4) 注意寄养乳猪的气味。

6. 防病

哺乳仔猪抗病能力差，消化功能不完善，容易患病死亡。对仔猪危害最大的疾病是腹泻。预防措施如下。

(1) 养好母猪。加强妊娠母猪和哺乳母猪的饲养管理，保证胎儿的正常生长发育，产出体重大、健壮的仔猪，母猪产后有良好的泌乳性能。

（2）保持猪舍清洁卫生。产房采取全进全出，转猪后要彻底清洗和消毒。妊娠母猪进产房前要对体表进行淋浴、消毒。临产前用0.1%的高锰酸钾溶液擦洗乳房和外阴部，以减少母猪对仔猪的污染。

（3）保持良好的环境。产房应保持适宜的温度、湿度，控制有害气体的含量，使仔猪生活舒适，体质健康，有较强的抗病能力。防止或减少仔猪腹泻等疾病的发生。

（4）采用药物预防和治疗。

（四）哺乳仔猪如何过好三关

1. 把好初生关

仔猪初生后，擦干身上的胎水。寒冷季节，注意做好保温工作。尽可能早地让乳猪吃上初乳，固定奶头，并提供必要的帮助。乳前注射或喂服长效土霉素，补充铁剂大于200毫克、亚硒酸钠，一周内完成去势术和疝复位术。按重量、数量均衡的原则，重新编排24小时内出生的仔猪，对那些弱小的猪只给予更多的照顾（让那些母性好的母猪哺养，数量不能太多，以8头为宜）。

2. 做好补料关

及早教槽，保证断奶前7天采食量达到400克饲料。少喂勤添，24小时喂料次数不少于6次，及时清除料盘中的粪尿。

3. 做好断奶关

断奶前4天做免疫注射，体重不足5千克的仔猪继续哺乳一周。抓猪动作要轻柔，一间保育栏中的仔猪来源不超过3窝。大小分群并对弱小仔猪特别护理。

4. 做好防压

刚生下的猪只不灵活，易被母猪压死。

5. 做好补水及其他相关工作

3~5日龄补水，检查饮水器出水是否清洁，饮水器垫硬物，使水缓慢滴下。断脐、断尾仔猪注意消毒。

二、生长育肥猪的饲养

（一）注意饲料质量

日粮的质量是影响生长育肥猪生长性能的最重要的因素之一。使用高质量的饲料混合的、能满足猪营养需要的日粮，是保证养猪生产性能最佳所必需的。饲喂复合成分的平衡日粮，包括能量、蛋白质、维生素和矿物质添加剂，可以获得最好的效果。

（二）防应激

为了防止生产中的应激反应，给生长猪饲喂的日粮中要含有16%的蛋白质和0.8%的赖氨酸。给育肥猪饲喂的日粮中要含有14%的蛋白质和0.65%的赖氨酸。

（三）优良环境

生长育肥猪的饲喂环境，必须有利于猪吃到足够的饲料，应能尽可能地减少同别的个体竞争饲料和饮水，还要保证猪只在圈内能自由走动（图4-6）。

图4-6 生长育肥舍

（四）干湿喂均可

饲料可以干喂或湿喂，干物质对水的比例通常为1∶3左右，湿喂是将干饲料拌入一定的水。湿喂有两大优点：第一可以大大减少舍饲条件下舍内空气中的粉尘量，从而有利于猪的健康；第二饲料利用率略有改善，可以减少饲料的浪费。

第五章 猪群保健与疾病防控

第一节 猪群健康与健康管理

一、猪群健康

猪群首先要表现出临床健康,也就是说一个好的临床表现。再者,要有正常的生产性能,包括正常的生长、繁殖等。同时,本身要有良好的免疫力,能够抵抗一般性的疾病。猪群健康状况范围从没有疫病发生到生产过程处于疫病发生高危险性的一般健康群。

(一) 无疫病猪群

无疫病猪群也就是没有病原菌或已知其体内外细菌种类(悉生菌)的猪群,它们通过剖宫产出生,首先被饲养在一个隔离的、没有病原菌的可控制的环境中几周,然后它们也被暴露在那些不致病的、在正常健康猪体内普遍存在的细菌环境中。因此,从理论上说,"无疫病"仅指通过剖宫产从母猪体内取出和被饲养在一个隔离的、严格消毒环境中的仔猪。

(二) 无特定病原猪群

无特定病原猪群并不意味着没有任何疫病,它仅表明在特定和特殊的条件下猪只感染不发病。特殊科研试验的实验动物要求使用无特定病原猪。

(三) 疫病发生较少猪群

疫病发生较少猪群指的是萎缩性鼻炎和猪肺炎感染率很低的那些猪群。疫病发生较少猪群并不要求没有猪痢疾、疥癣和虱子，也并非没有疫病发生。如果养殖场声称自己的猪群为疫病发生较少猪群，则应当接受各种诊断和试验监测，以证明这个猪群中确实没有感染发生过一些疫病。种猪场饲养猪只应该是疫病发生较少的猪群。

(四) 普通健康水平猪群

普通健康水平猪群的猪可能表现出或不表现出萎缩性鼻炎的可见症状，但是，它们几乎在尸体剖检和屠宰检查中常常都表现出萎缩性鼻炎的亚临床感染、鼻中隔受到损伤、支原体肺炎病变。有时需通过饲料和饮水中加入药物治疗肺炎和猪疾病，要用常规方法经常治疗疥癣和虱子及其他寄生虫病。一般饲养场（户）的猪群属于普通健康水平猪群。

二、猪群健康管理

随着集约化、规模化和工厂化养猪模式的进一步发展，猪病问题越来越复杂，控制也越来越棘手。健康是养猪的基础，良好的管理模式是保障猪群生产潜力充分发挥的重要因素。

(一) 符合生物安全的防范体系

制定十分严格的生物安全管理规章和监管机制，违规必纠，违者必罚；从严控制车辆、人员及物品进入生产区和生活区。必须进入的车辆、人员及物品应采取严格的清洗、隔离、沐浴、更衣、换鞋、洗手等消毒程序；强化生产区各类猪舍内部和舍外的日常卫生及定期消毒工作；建立粪、尿及其他生产废弃物的集中存放和定期出场制度，严禁随意长期堆积于生产区；病死猪、胎衣应尽量采取焚烧炉火化处理或深井填埋处理，严禁在生产区内挖坑掩埋；疑似传染性疾病的病猪要及时采取隔离措施,隔离猪舍应建在生产区的下风处;场区内禁止饲养牛、羊、犬、猫等动物;严禁从场外购买或带猪、牛、羊肉及其加工制品进入场区,场内生活猪肉采取自宰的办法解决;售猪时,严禁生产区各类人员接触运猪车辆和运猪人员;加强灭鼠、灭蚊蝇和防鸟工作等。

(二) 科学的生产工艺

全场实行"全进全出",分娩车间、保育车间实行"单元式"的生产工艺流程,这不仅便于各类猪群的日常管理,更有利于空栏后的彻底清洗与消毒,阻断疾病的多元循环或水平传播。同时,要注重适度降低各阶段猪群的饲养密度,注重猪舍内日常的通风换气管理,降低粉尘和有害气体的浓度;确保不同猪群或不同阶段所需的正常温度和湿度;生产过程中应尽量减少抓猪、转群、合群,以及断水、饥饿等应激环节;为各类猪群提供正常生长和繁育所需的营养。

(三) 合理的免疫程序与保健计划

一般来说,规模猪场猪群计划免疫程序制定的基本原则如下。

(1) 国家农业主管部门明文规定的强制性免疫病种的疫苗必须接种。

(2) 本场猪群中疑似或可能存在的病毒性疾病,以及比较典型且频发的细菌性疾病应该尽量安排免疫。

(3) 猪场所处周边环境区域多发的病毒性疾病可选择进行免疫。与此同时,对猪群采取定期或不定期的疫病检测和抗体水平监测,根据检测和监测的实际结果,每年度至少做1次计划免疫效果的综合评价或适度调整,不断提高猪场疾病的防控能力和水平。

(四) 严格的兽医卫生制度

多年以来,我国几乎绝大部分的中小规模化猪场兽医卫生制度十分滞后，表现为：一是没有建立专业分工和十分明确的兽医技术队伍；二是在猪场规划设计时就无规范的兽医卫生室设计，实际生产过程中往往临时采用库房或员工住房改作兽医卫生室使用；三是没有最基本的兽医诊疗器械和煮沸消毒、干燥消毒等设备以及卫生保存器皿等用具，兽医和饲养人员日常使用的注射器、针头及其他常用医疗器械长期不清洗、不消毒，成为猪场疾病水平传播的最大隐患和推手。

（五）适时的淘汰制度

养猪实践证明，合理地淘汰一些无价值、无治疗意义的猪只才能获得较高的经济效益。淘汰的猪只种类主要有无法治愈的病猪；治疗费用较高及愈后经济价值不高的病猪；治疗费时费工的病猪；传染性强、危害大的病猪。淘汰病弱猪是防止养殖场内病原繁殖与传播，有效控制疾病，提高养殖效益的方法之一。

第二节 生物性病因防疫措施

为了搞好猪场的卫生防疫工作，确保养猪生产的顺利进行，必须贯彻"预防为主，防治结合，防重于治"的原则，减少疫病的发生。

一、种猪场疫病管理制度

猪场分生产区和非生产区，生产区包括养猪生产线、出猪台、解剖室、污水处理区等。非生产区包括办公室、食堂、宿舍等。

（一）严格隔离饲养

（1）猪场生产区只能有一个出入口，禁止非生产人员和车辆进入生产区。猪场门口设消毒池和更衣室。

(2) 生产人员进入生产区时都要更换已消毒的工作衣裤和胶靴，工作服应在场内清洗并定期消毒。

(3) 卸料、装猪的车辆只在场外停靠，不得进入生产区。

(4) 猪舍一切用具不得携出场外，各猪舍的用具不得串换混用。

(5) 不能从场外购买猪肉，生活上所需肉食由本场供给。

(6) 严格控制参观活动，一般应谢绝参观。必须参观的话，参观人员需经场长或主管兽医批准并严格消毒后，在场内人员陪同下方可进入，且只可在指定范围内活动。

(二) 坚持"自繁自养"方针

(1) 需从外地引进新的猪种时，只能引自非疫区的健康猪场。

(2) 引进种猪需经本场兽医验证、检疫、隔离观察 1~2 个月，经检查认为是健康猪只后方可入舍混群。

(3) 在隔离期间还应驱除体外寄生虫，按照免疫要求补注各种疫苗。

(三) 采用"全进全出"的饲养管理方式

(1) 繁殖母猪应做到集中配种、集中产仔，以便于产房和哺乳母猪舍的消毒。

(2) 仔猪断奶后应集中进入育成猪舍或育肥猪舍，同时出栏。

(3) 猪群离舍后，猪舍应彻底消毒，空圈半个月以上再引入健康猪群。

(四) 气候环境的卫生要求

(1) 猪舍要冬暖夏凉，夏季舍温不超过 30℃，冬季不低于 12℃。

(2) 低温高湿易引起各种呼吸道疾病、消化道疾病、皮肤病和关节炎等，应尽量减少水汽来源，防止湿度过高。

（3）消除舍内有害气体，除通风换气外，应及时消除粪尿污水，不使它在舍内分解腐烂。猪舍的防潮和保暖是减少有害气体的重要措施。

（五）检查诊断和疫病监测

（1）兽医应每天观察猪群健康状况，监察疫情，发现问题及时处理。

（2）猪群健康检查一般从运动、休息、摄食饮水和检温这四个环节着手。

（3）对检查出的病猪，应分别视情况妥善处理。凡患传染病的猪及可疑病猪，均应立即隔离治疗，必要时予以扑杀。

（六）定期搞好预防接种

预防接种是控制养猪场疫病流行的重要措施。各场要根据本地区疫病流行情况等因素决定本场应使用的疫苗种类、接种方法和免疫程序（免疫程序会在后面专门的章节介绍）。

（七）杀虫、灭鼠以消灭传染病的传播媒介和传染来源

（1）经常清除垃圾、杂物和乱草，搞好猪舍周围的环境卫生，不让害虫及鼠类有藏身和滋生之地。

（2）定期使用杀虫药喷洒猪舍内外和蚊蝇容易滋生的场所。

（3）及时清除饲料残渣，将饲料保藏在鼠类不能进入的房舍内，使之得不到食物。

（4）用捕鼠夹捕杀鼠类或使用对人畜毒性低的毒鼠药。

二、严格执行消毒制度，杜绝一切传染源

常用的各种消毒药（表5-1）与消毒方法如下。

表 5-1 常用的各种消毒药

药物	作用与用途	配比	注意事项
戊二醛	可杀灭细菌、芽孢、病毒。可用于厩舍、带畜及器具消毒	2%	pH 值 7.5～8.5 时作用最强
福尔马林（40%的甲醛）	可杀灭细菌、芽孢、病毒。主要用于空置厩舍蒸熏及喷洒消毒	25毫升/立方米+水20毫升加热蒸发8～10小时	要求舍温20℃以上、相对湿度60%以上
氢氧化钠（火碱）	可杀灭细菌、芽孢、病毒。主要用于空置厩舍喷洒消毒	2%～4%	有腐蚀性，消毒后6～12小时应冲洗干净，注意人员防护
聚维酮碘	高效低毒、可杀灭细菌、芽孢、真菌及病毒。可用于厩舍、带畜、器具、皮肤黏膜消毒	参照说明	避光保存，现配现用，褪色即失效
碘	可杀灭细菌、芽孢、真菌及病毒。碘酊常用于器具、皮肤消毒。碘甘油用于黏膜消毒	2%～5%	刺激性较大
过氧乙酸	高效、产生作用快、耐低温可杀灭细菌、芽孢、真菌及病毒。0.5%～5%用于厩舍、带畜消毒，0.2%用于器械消毒、0.1%～0.5%用于皮肤黏膜消毒	参照说明	现配现用，有刺激性
高锰酸钾	杀菌、祛臭、收敛、解毒。0.1%～0.2%用于创面冲洗，0.05%～0.1%用于膀胱、子宫、阴道冲洗		现配现用，避光保存，变棕色即失效
过氧化氢（双氧水）	杀菌力很弱。1%～2%主要用于清洁创面，0.3%～1%用于黏膜消毒，对厌氧菌更有效		配伍禁忌很多，要单用
乙醇	能杀灭繁殖型细菌及病毒，芽孢无效。主要用于皮肤消毒	70%～75%	刺激性大禁用于黏膜及创面
苯扎溴铵	具有杀菌和去污作用，主要用于皮肤术前消毒及器械浸泡消毒	0.1%溶液	单用，肥皂洗手后应冲洗干净，再用本品
甲紫（紫药水）	无刺激性。对革兰氏阳性菌有强大的选择性作用，对真菌有效，有收敛作用。主要用于皮肤及黏膜的创面感染和溃疡及皮肤真菌感染	0.85%～1.05%溶液	

(1) 大门入口设消毒槽（池），消毒药使用 2% 的烧碱液或 1% 的复合酚溶液等，消毒对象主要是车辆轮胎。在病猪舍、隔离舍出入口处应放置浸有消毒液的麻袋片或草垫，消毒液可用 2% 的烧碱液或 1% 的复合酚溶液等。

(2) 猪舍消毒分两个步骤进行。第一步为机械清扫，先清除粪尿及垫料，运出后作无害化处理，再用高压水彻底冲洗，待干；第二步用消毒液喷洒消毒，可选用复合酚、过氧乙酸等消毒药。

(3) 各种用具、饲槽及载运车辆等需定期消毒。猪舍垫料应定期更换，新更换的垫料应事先消毒，消毒方法可用福尔马林蒸熏 5~10 小时。

(4) 对粪便、污水应进行无害化处理。粪便可用生物热消毒法（发酵池或堆粪法）或用 5% 的氨水（用含量为 18% 的农用氨水 2.5 千克加水 6.5 千克配成）喷洒消毒。污水可用沉淀法、过滤法或化学药品（每升污水加 2.5 克漂白粉）处理。

三、免疫接种工作

（一）免疫程序的制定

1. 猪场免疫的目的

一是控制或净化"猪场内"危害大的病原微生物（病毒、细菌、支原体等）；二是产生或加强"猪群对外界"流行疾病的抗体。

2. 制定免疫程序的一般原理

后备猪：在配种前，让猪产生一些主要繁殖疾病的抗体，减少繁殖病的发生。主要免疫对象有蓝耳病、伪狂犬、细小病毒、猪瘟、乙脑和口蹄疫等。

经产母猪：在怀孕后期接种疫苗，可以提高初乳中的抗体，使仔猪在哺乳期不易发病。主要的免疫对象有伪狂犬等病毒性疾病，以及大肠杆菌、链球菌、猪副嗜血杆菌等一些细菌性疾病。

空怀母猪：免疫繁殖性的疫苗，但应避免在怀孕期使用繁殖性疫苗，以免引起严重后果。主要的免疫对象：蓝耳病、猪瘟、细小病毒等。

副猪公猪：每年的3—4月、10—11月天气好，也是猪群体质最好的时候。免疫后，产生的抗体较好。所有要免疫的疫苗都安排在这段时间，一年两次。主要免疫的疫苗有猪瘟、蓝耳病、口蹄疫、伪狂犬等疫苗。

哺乳仔猪：主要对场内外常见病进行免疫。主要免疫的疫苗有支原体、猪副嗜血杆菌、链球菌、猪瘟、蓝耳病等疫苗。

3. 免疫程序制定时需要重点考虑的因素

在什么时间接种什么疫苗，是养猪场免疫最为关健的问题。目前还没有一个免疫程序可通用，而生搬硬套其他猪场的免疫程序也是行不通的，最好的做法是根据本场的疫病实际发生情况，考虑猪场所在地区的疫病流行特点，结合猪群的种类、年龄、饲养管理、母源抗体的干扰以及疫苗的性质、类型和免疫途径等各方面因素和免疫监测结果，制定适合本场的免疫程序。猪场在制定免疫程序时，需要重点考虑下列因素。

（1）母源抗体干扰。母源抗体对新生仔猪来说十分重要，但对疫苗的接种会产生一定的影响。免疫程序的关键是排除母源抗体干扰，确定合适的首免日龄。最好选在仔猪母源抗体不会影响疫苗的免疫效果而又能防御病原微生物感染的时间免疫。如在母源抗体效价较高时接种疫苗（特别是弱毒苗），疫苗会被母源抗体中和，使仔猪不能产生较强的免疫力。

因此，在母源抗体水平高时不宜接种弱毒疫苗。例如，仔猪的猪瘟免疫程序，根据猪瘟母源抗体下降规律，一般采取20~25日龄首免，而有猪瘟病毒感染或受猪瘟病毒威胁的猪场应实行超前免疫，即在仔猪刚出生就接种猪瘟疫苗，接种1~2

小时后才让其吮吸初乳。

（2）猪场发病史。在制定免疫程序时必须考虑猪场所在地区疫病流行情况和该猪场已发生过什么病、发病日龄、发病频率及发病批次，依此确定疫苗的种类和免疫时机。对于本地区、本场尚未证实发生的新流行疾病，必须证明确实已受到严重威胁时才进行免疫接种。

（3）免疫途径。接种疫苗的途径有注射、饮水、滴鼻等，应根据疫苗的类型、疫病特点及免疫程序来选择每次免疫的接种途径。例如，灭活苗、类毒素和亚单位苗不能经消化道接种，一般用肌内注射；有的猪气喘病弱毒冻干苗采用胸腔接种；伪狂犬病基因缺失苗对仔猪采用滴鼻效果更好，它既可建立黏膜免疫屏障，又可避免母源抗体的干扰。合理的免疫途径可以刺激机体快速产生免疫应答，而不合适的免疫途径可能导致免疫失败和造成不良反应，同种疫苗采用不同的免疫途径所获得的免疫效果是不一样的。

（4）季节性预防疫病。有些疫病的流行具有一定的季节性，如夏季预防乙型脑炎、秋冬季预防传染性胃肠炎等。

（5）不同疫苗之间的干扰与接种时间的科学安排。将两种或两种以上无交叉反应的疫苗同时免疫接种时，机体往往会降低对其中一种疫苗的免疫应答。因此，为了保证免疫效果，对当地比较流行的传染病最好单独接种，同时在产生免疫力之前不要接种对该疫苗有拮抗作用的疫苗。例如，在接种猪伪狂犬病（PR）弱毒疫苗时，必须与猪瘟（HC）兔化弱毒疫苗的免疫注射间隔一周以上，以避免 PR 对 HC 的免疫干扰作用；又如猪繁殖与呼吸障碍综合征（PRRS）活疫苗影响猪瘟活疫苗的免疫应答等。

（二）疫苗的保存、运输

（1）要使用国家或农业部指定的正规生物药品厂家生产的疫（菌）苗。要检查疫（菌）苗是否在有效期内，包装有无破损，瓶口、瓶盖是否封严。过期、破损和瓶口封不严的均不得使用。

（2）运输时应注意包装严密，尽量缩短运输时间。由于种类不同，在运输和保存过程中对其温度要求也不相同。在运输和保存中应避免因强光、暴晒、高温而造成损坏。应使用正规运输工具，或装入有冰决的保温瓶或桶内将其运到目的地。途中应避免日晒或其他高温。以防疫员经常接触到的口蹄疫、蓝耳病活苗为例，最适宜的温度为 $2 \sim 14$℃，长期保存温度为 $2 \sim 8$℃；猪瘟活疫苗的保存温度为 -15℃。具体情况应仔细阅读相关说明书。瓶口开封后不能再保存，特别是弱毒疫苗。

（3）严格按疫苗说明书规定的方法稀释、注射。疫苗要现配现用，加水（或稀释液）以后，应放在冷暗处，应在稀释后 $1 \sim 2$ 小时内用完，稀释 $1 \sim 3$ 小时内用量要加倍，免疫水应在 2 小时内饮完。未用完的活菌苗不可随意丢弃，应深埋或炉火烧掉。使用时，应充分摇匀。使用前器具要严格消毒，注射时最好每注射一头猪换一个针头。用过的瓶、器具，稀释后剩余的污染物，必须进行消毒处理。

（4）严格和细心地进行注射操作。选用合适型号的针头，并调好注射器的松紧，避免液体倒流造成数量不足，降低免疫效果。

（5）注射的部位应用碘酒、酒精消毒，并防止消毒剂渗入针头或管内，以免影响疫苗活性，降低效果。

（6）要将每一种疫（菌）苗的名称、编号、类型、规格、生产厂名和有效期、批号，以及接种人员姓名和接种日期等详细登记在记录本上，方便以后抽查监测免疫效果。

（7）消除影响接种效果的因素。对病态、体弱的暂不宜接种，待病愈或体质恢复后补注。注射时，有的会出现体温升高、发抖、呕吐和减食等症状，一般 $1 \sim 2$ 天后可自行恢复，重者可注射肾上腺素。

(8) 在免疫接种前后 10 天内尽量不要用抗生素类药物，以免影响免疫效果。

(三) 参考免疫程序 (表 5-2、表 5-3)

表 5-2 某种猪场免疫程序

品种	接种时间	疫苗种类	免疫剂量	免疫方式
仔猪 (商品猪)	3 日龄	补铁	1 毫升	肌内注射
	7 日龄	喘气苗	1 头份	肌内注射
	14 日龄	仔猪副伤寒	1 头份	肌内注射
	21 日龄	猪瘟	2 头份	肌内注射
	45 日龄	蓝耳病	1 头份	肌内注射
	60 日龄	口蹄疫	2 毫升	肌内注射
	70 日龄	猪肺疫	2 毫升	肌内注射
仔猪 (商品猪)	90 日龄	口蹄疫	2 毫升	肌内注射
	140 日龄	链球菌	1 头份	肌内注射
	150 日龄	伪狂犬	1 头份	肌内注射
	160 日龄	蓝耳	1 头份	肌内注射
	170 日龄	蓝耳	1 头份	肌内注射
	180 日龄	细小病毒	2 头份	肌内注射
后备 母猪	190 日龄	细小病毒	2 头份	肌内注射
	产前 45 天	链球菌	1 头份	肌内注射
	产前 23 天	伪狂犬	1 头份	肌内注射
	产后 21 天	猪瘟	3 头份	肌内注射
	产后 28 天 (下床当日)	蓝耳	1 头份	肌内注射
经产 母猪	产后 35 天	细小病毒	2 头份	肌内注射
	配种前	口蹄疫	4 毫升	肌内注射
	每年 3 次	伪狂犬	1 头份	肌内注射

(续表)

品种	接种时间	疫苗种类	免疫剂量	免疫方式
种公猪	每年4—5月	乙脑	1头份	肌内注射
	每年2次	链球菌	1头份	肌内注射
	每年春秋季	猪瘟	3头份	肌内注射
	每年3次	伪狂犬	1头份	肌内注射
	每年4—5月	乙脑	1头份	肌内注射
	每年2次	链球菌	1头份	肌内注射
	每年2次	蓝耳	1头份	肌内注射
	每年2次	口蹄疫	4毫升	肌内注射

表5-3 哺乳仔猪参考免疫程序

日龄	疫苗种类	免疫剂量	免疫方法	备注
0日龄	猪瘟苗	1头份	耳根后肌注	按零时免疫要求进行（怀疑或检测有猪瘟存在时免疫）
1~3日龄	伪狂犬	0.5头份	滴鼻免疫	基因缺失苗
7日龄	链球菌苗	1头份	耳根后肌注	灭活苗
14日龄	圆环疫苗	1头份	耳根后肌注	灭活苗
20~25日龄	猪瘟	3头份	耳根后肌注	弱毒苗

第三节 主要疾病针对性防控

一、常见的病毒性疾病

（一）猪瘟（HC）

1. 病源

猪瘟病毒属于黄病毒科瘟病毒属，目前发现的只有一个血清型。猪瘟是由猪瘟病毒引起的一种急性、热性、接触性败血型传染病。

2. 流行病学

猪可长期甚至终身携带该病毒，经水平和垂直传播。本病任何季节都可发生。过去以流行性为主，发病率和死亡率都较高；目前由于接种猪瘟疫苗密度不一致，主要呈散发性与流行性并存，发病率和死亡率较低。非典型性（慢性猪瘟、温和型猪瘟）和先天性猪瘟感染增多，这是当前猪瘟流行的一个新特点，这主要是由毒力较弱的猪瘟病毒或免疫应答差的猪引起的。

3. 症状

最急性型的猪瘟一般未见症状，以突然死亡为主。急性型（典型）猪瘟：发烧，体温41℃以上，发病后3～6天体温可达42℃以上；怕冷，呼吸急促，腹式呼吸；个别猪有神经症状，步态不稳，耳尖、嘴唇发绀，四肢内侧、腹部无毛或少毛部位点状出血，指压不褪色，眼结膜潮红、眼分泌物增多，脓性结膜炎；病初便秘，排出带脓血黏液的粪块，后腹泻，个别猪还有呼吸道症状。母猪可表现为流产、产弱仔、死产、木乃伊胎、畸形胎，产下的弱仔或畸形幼仔一般3天内死亡。公猪有包皮炎，用手挤压有恶臭浑浊的液体射出。急性病例多在1周左右死亡，死亡率可达60%～80%。慢性型和非典型性猪瘟发病时间长，腹泻或便秘交替，体温稍高或稍低，食欲时好时坏，进行性消瘦，精神萎靡，贫血，有的猪会出现广泛性出血点和皮炎，有的猪症状和病变局限且不典型。病程一般1个月左右，发病和死亡率较低，以小猪发病和死亡率为高，大猪一般可以耐过，康复后的猪成为僵猪。

4. 病理变化

皮下、浆膜、黏膜、肌肉均有出血点。口角、齿龈有出血点、坏死灶、溃疡。肠道出血，以小肠为最，易发生纤维素性坏死性肠炎。肾针尖状小出血点，膀胱呈条状或块状出血。气管、支气管充满粉红色泡沫，会厌软骨呈条状或块状出血。肺部出血。心脏出血点、脾边缘出血梗死、淋巴结周边出血。流产和死胎的猪在肾、膀胱、淋巴结、喉头有出血点（图5-1）。肾有沟回也是目前猪瘟症状的又一特征。

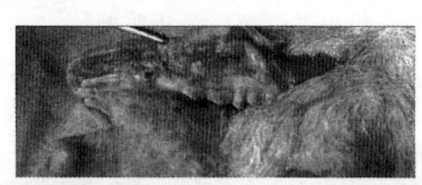
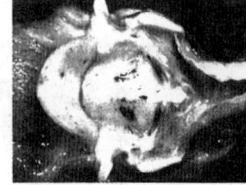
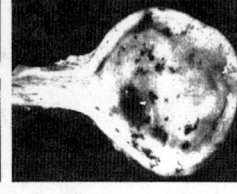
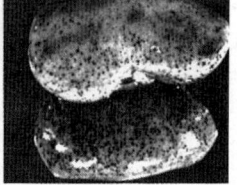

图5-1 齿龈溃疡，喉头、膀胱、肾出血点

5. 诊断

根据临诊症状有无出血性变化、肾脏和咽喉的出血点、脾脏坏死灶和梗死、肾有沟回，可以作出猪瘟的临床诊断。确诊需要送检脾脏、淋巴结和肾脏，作猪瘟荧光抗体或酶联免疫试验。

6. 防治

本病为国家一类动物传染病，控制和扑灭应按照《中华人民共和国动物防疫法》第三章"动物疫病的控制和扑灭"的有关条款执行，发病后不予治疗，必须进行扑杀。

（1）预防措施。

①做好猪瘟的预防注射。用猪瘟脾淋苗或者猪瘟高效细胞苗，按科学的免疫程序进行免疫接种。每年定期检测抗体，必

要时紧急补免猪瘟疫苗。②自繁自养，一般不从其他场购猪；如需购买，必须是经检测猪瘟抗体和野毒感染呈阴性的猪，并隔离15天左右，注射猪瘟苗后方可混群。③加强饲养管理，做好圈舍、环境卫生，搞好消毒工作。④强化政府职能，做好兽医卫生管理和检疫措施。

（2）免疫程序。

①母猪免疫。后备母猪配种前一个月使用猪瘟脾淋苗或者猪瘟高效细胞苗免疫接种，经产母猪选择产后7~10天免疫接种比较合理，这样可以尽可能避免仔猪产生先天免疫耐受现象。但生产中为了方便操作，一般采取断奶下产床时免疫。②公猪免疫。每半年免疫一次，同时加强饲养管理，保证公猪健康。③商品猪免疫。不受猪瘟威胁的猪场在28~35日龄时首免；二免在65~70日龄时。发生猪瘟或者受威胁的猪场，可以进行乳前免疫，即仔猪出生后不给予初乳，立即注射猪瘟疫苗1头份，待接种1小时后喂奶。猪瘟的乳前免疫必须严格按照操作规程执行，才能获得应有的效果，尤其是稀释后的疫苗必须放在冰盒里保存，每出生1头小猪，现吸取1头份出来接种，否则会因为分娩时间过长而导致疫苗失效。二免一般在25日龄左右，三免一般在65日龄左右。进行乳前免疫的仔猪，在60~65日龄加强免疫一次即可。

（二）猪蓝耳病（PRRS）

1. 病原

猪蓝耳病毒是一种正链的小RNA病毒，属于动脉炎病毒科动脉炎病毒属，对宿主有高度依赖性，主要在猪的肺泡巨噬细胞（PAM）及其他肺泡细胞中生长。猪蓝耳病是近几年新发现的一种急性、热性、败血型的高度恶性传染病。

2. 流行病学

猪是唯一的易感动物，主要侵害母猪和仔猪。感染母猪的鼻分泌物、粪尿和体液中都有病毒,耐过猪可长期排毒。病猪和感染猪,可以经过空气、排泄物、胎盘和精液传播。本病一年四季均可发生,各年龄、品种和用途的猪都可感染,野猪也可感染。经典型蓝耳病对新生仔猪和断奶前后的仔猪致病性较强,猪的发病率和死亡率较高,而生长猪和商品猪则死亡率低,症状较为温和。近年来的变异蓝耳病,又称高致病性蓝耳病,对各年龄阶段的猪群均有极高的致死率。如果猪群因猪瘟、伪狂犬等免疫失败而导致蓝耳病与猪瘟、伪狂犬等混合感染,全群死亡率可达30%~80%。如果处理不当,控制不及时,加之猪场卫生条件差、气候恶劣,则可导致"全军覆没"。

3. 症状

急性型呼吸困难,咳嗽,腹式呼吸,耳、鼻、颈部、蹄、屁股、尾、阴部等末端无毛或少毛的部分发绀,不食,发热41~42℃,嗜睡。母猪还表现为繁殖障碍,出现早产、流产、产弱仔、死胎、木乃伊胎等,有些母猪产仔率下降或发情延迟,有的甚至不孕,有的产后泌乳力下降或无乳。部分新生仔猪呼吸困难,运动失调及轻瘫。公猪精液质量下降,数量减少,发病率较低,厌食,呼吸加快,消瘦,无明显发热现象。仔猪断奶前发病率和死亡率高是本病的一大特征。仔猪呈明显呼吸道症状,发育不良,体质差,常在一周之内死亡。肌肉震颤,后肢麻痹,共济失调,咳嗽,打喷嚏,昏睡,耳朵发绀。生长商品猪,感染病毒后症状较轻,呈一过性厌食与呼吸困难,咳嗽,少数病例在双耳背面、边缘、腹部及尾部皮肤出现一过性的紫色斑块,但是死亡率低,生长缓慢。如图5-2所示。

4. 病理变化

典型的间质性肺炎是蓝耳病特征性病理变化表现:肺部出

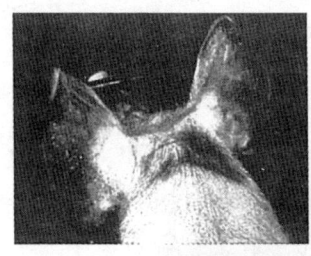

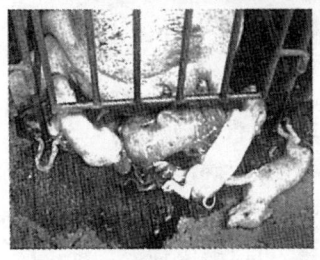

图 5-2 双耳背面、边缘、腹部及尾部皮肤的紫色斑块，流产的胎儿

血、质地坚硬、肺间质明显增宽（图 5-3），肺浆膜面下和间质呈胶样湿润等；轻度或中度心肌炎和多灶性淋巴组织脉管炎；肾脏淋巴细胞聚集；鼻黏膜上皮细胞纤毛丛生或缺乏，上皮细胞肿胀、缺少或呈鳞片状；流产胎儿和弱仔可见胸腔内积

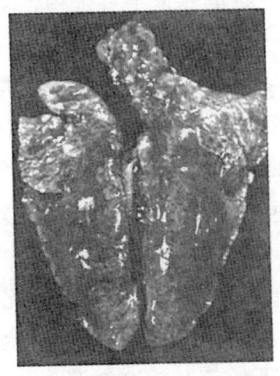

图 5-3 肺部出血，肺间质明显增宽

有大量清亮液体,偶见肺实变;公猪输精管萎缩。

5. 诊断

根据流行病学的特点,如传染迅速,妊娠母猪不吃、流产,出现死胎、木乃伊胎,仔猪咳嗽、耳尖发绀、高热等,剖检间质性肺炎明显,橡皮肺等特点,可以作出初步诊断。确诊需要送检病猪血清、死胎、精液、脾脏、扁桃体等,做PCR扩增、荧光抗体检验或酶联免疫吸附试验。

6. 防治

(1) 阴性猪场。引种必须严格把关,贯彻综合防治措施。一旦出现繁殖障碍,就应确诊并采取相应措施。

(2) 阳性猪场。采取综合措施,监测、隔离、消毒等,同时科学使用疫苗,可以减少损失,逐步恢复生产性能。

7. PRRSV 免疫

关于蓝耳病疫苗的使用问题,目前国内外专家有不同见解。但通过近几年的临床应用证明,科学使用疫苗对于流行猪场可以减少损失,对维持猪群健康有重要意义,但应根据实际情况在兽医指导下谨慎免疫。

灭活油苗:免疫效果并不十分理想,主要在种猪、后备母猪配种前免疫2次,母猪怀孕初期或后期免疫2次(间隔20天),这对减少死胎率、提高仔猪成活率有效果。种公猪每年免疫2次。

弱毒苗:不能用于阴性猪场和种猪,主要在仔猪、后备母猪及紧急预防注射时使用。弱毒苗免疫方案应根据实际情况谨慎安排,尤其是已稳定猪群弱毒苗必须谨慎使用。

国外对于蓝耳病的防治主要采取净化措施,其具体方案为:整个猪场封群1~1.5年,所有种猪全群接种本场保育后期蓝耳病阳性仔猪的血清0.1~0.2毫升/头,期间猪场所有猪只只能出不能进,包括蓝耳病抗原抗体检测双阴性猪,同时严格做好各项消毒工作。

发生蓝耳病时,在确保不扩散病原的前提下,可以投服一些非甾体类解热镇痛药,如阿司匹林等,也可应用一些退热中药如双黄连、柴胡等对严重病猪注射,切忌大量使用"三安"类(氨基比林、安痛定、安乃近)解热镇痛药,否则有可能加速病猪的死亡。同时,全群猪在饮水中添加电解多维、黄芪多糖、阿莫西林等,连续使用7天可以促进病猪康复。假定健康猪群可使用猪蓝耳病弱毒苗紧急免疫,并在每吨饲料中添加电解多维300克、黄芪多糖500克、阿莫西林300克,连续使用7天可以进行综合预防。

(三)猪口蹄疫(FMD)

1. 病原

猪口蹄疫病是由口蹄疫病毒引起的偶蹄兽的一种急性、热性和高度接触性传染病,其特征是口腔黏膜、蹄部和乳房皮肤发生水泡和溃烂。

2. 流行病学

所有偶蹄动物都易感,不同年龄的猪都易感,但以仔猪发病率最高、病情最为严重、死亡率也最高。病猪通过排泄物、分泌物和表皮病变排出高滴度病毒,以悬浮在空气中的微粒病毒的形式被带到很远的地方。病猪和健康猪的直接和间接接触是最主要的传播途径,一年四季均可发生,多发于秋末、冬春,尤以春季最为严重,夏季较少发生。消化道是最常见的感染途径,空气也是一种重要的传播方式,此病常呈跳跃式流行。畜产品、水、人、动物、运输车辆、生产工具等也是本病的传播媒介。

3. 症状

本病潜伏期很短,一般1~2天,病初体温升高(41~42℃),俯卧、寒战、肢蹄发热,流涎,随后蹄部、口舌开始出现水泡，精神不振，食欲减少或废绝。随着病程的加剧，蹄冠、蹄叉、蹄踵发红并形成水泡，继而溃烂出血，继发感染的蹄壳大多脱落。病猪跛行、喜卧，鼻盘、吻突、口腔、齿龈、舌、下颌、乳房也可见到水泡和溃烂斑（图5-4）。驱赶或受惊吓时病猪尖叫声音很大。体重越大，症状越严重。仔猪可因急性肠炎和病毒性心肌炎死亡，死亡率高达60%~90%。

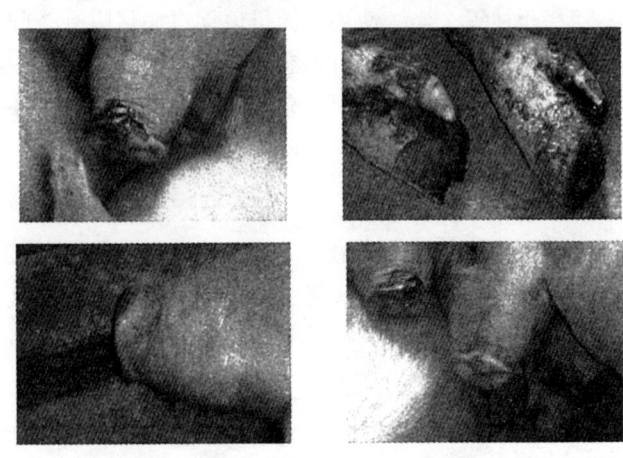

图5-4　鼻盘、吻突、蹄部水泡和溃烂斑

4. 病理变化

除口腔、蹄部出现水泡和烂斑外，在咽喉、气管、支气管和前胃黏膜也有溃疡，胃和大小肠黏膜可见出血性炎症，心包膜有弥散性点状出血，心肌松软像煮熟的肉，心肌切面有灰白色或淡黄色斑点或条纹，好似老虎身上的斑纹，俗称"虎斑心"（图5-5），这是口蹄疫具有诊断意义的特征性病理表现。

5. 诊断

根据病猪蹄部和吻突发生水泡、溃烂和出血，跛行，驱赶尖叫等，可以作出初步诊断。确诊需要送检病猪的水泡皮和水

第五章 猪群保健与疾病防控

图 5-5 虎斑心

泡液进行乳鼠攻毒试验，或做补体结合试验、反向间接血凝试验。

6. 防治

本病是目前发现的所有传染病中传染性最强的疫病，为国家一类动物传染病，控制和扑灭应按照《中华人民共和国动物防疫法》第三章的有关条款执行。发病后应进行封锁和扑杀，并进行无害化处理和彻底消毒。

预防：由于口蹄疫病毒的突变、抗原漂移而出现的新病毒可能限制疫苗的使用效果，因此猪群应一年接种3次口蹄疫灭活疫苗（最好是当年流行的不同毒株），每次接种时间隔2周加强免疫一次。严格检疫，不从疫区购猪及其他动物产品、饲料、生物制品，禁止饲喂含有同种动物或有其他动物原料的饲料。

（1）发现疫病流行应立即上报，并封锁疫区，防止疫情扩散。病猪群屠宰深埋，疫点用2%的烧碱液消毒。疫区周围猪群紧急预防注射口蹄疫苗。

（2）隔离要快，处理迅速，严格按照"早、快、严、小"的原则处理。

（3）对猪舍、环境和用具用2%的烧碱液消毒。

(4) 对发病猪群和未发病猪群紧急注射口蹄疫苗,分开饲喂。严格做到人员、工具、饲料、运输车辆分开,不交叉。

(5) 发病期间禁止外售猪只及其产品,并每日带猪消毒,封锁45天,无新发病猪方可解除封锁。

治疗:本病不予治疗,发病就应立即扑杀,以防传播扩散。

(四) 猪细小病毒病(PPV)

1. 病原

为细小病毒科细小病毒属,所有毒株都有相似的抗原性。猪细小病毒病是猪的一种繁殖障碍性疾病。

2. 流行病学

猪是唯一的易感动物,不同品种(含野猪、SPF猪)、年龄、用途的猪都可通过空气、胎盘和精液感染,易感的健康猪群一旦感染病毒,3个月内100%发病。本病主要发生于后备母猪,呈地方性流行或散发,初次感染的猪群呈急性暴发,造成头胎母猪流产、死胎和木乃伊胎(图5-6)等繁殖障碍。母猪怀孕和早期感染的胚胎死亡率可达80%~100%。本病可以通过交配、人工授精、胎盘、被污染的饲料和环境经呼吸道和消化道感染。经产母猪也可发生,主要发生在春、秋产仔季节。

3. 症状

感染病毒后出现短暂而轻微的症状,母猪体温、食欲正常,常不引人注意,主要造成母猪繁殖障碍(流产、弱仔、死胎、木乃伊胎)。妊娠中后期母猪感染可引起胎儿死亡、羊水吸收,母猪腹围缩小,出现"假孕"。感染母猪流产后可以重新发情受孕,有时也会导致公猪不育、母猪不孕。公猪感染后受精率和性欲没有明显变化。

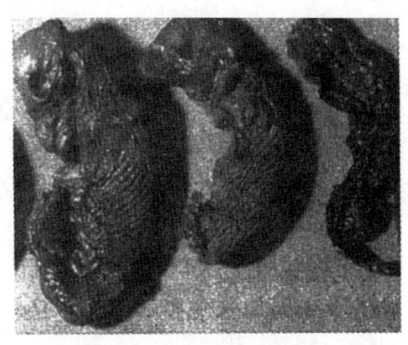

图 5-6 木乃伊胎

4. 病理变化

子宫内膜有轻微炎症，子宫肌层和内膜有广泛性的单核细胞聚集。胎盘有部分钙化。胎儿或正在发育的胚胎坏死和血管损伤，有被溶解和吸收的现象，会出现木乃伊胎。

5. 诊断

根据初产母猪流产，产出死胎、木乃伊胎、弱仔等，流产母猪基本没有任何临床表现，但经产母猪往往都正常的特点，可以作出初步判断。确诊需要送检流产、死产的胎儿心血或体腔积液用以分离病毒，或做血凝抑制试验。

6. 防治

后备母猪在配种之前一个月接种细小病毒活疫苗，也可在后备母猪性成熟后推迟一个情期配种，从而使其自然感染而产生免疫力。

(五) 猪日本乙型脑炎 (JE)

1. 病原

日本乙型脑炎病毒属于黄病毒科黄病毒属。猪日本乙型脑炎是一种通过蚊虫叮咬后发生的人畜共患性传染病，蚊子是主要的中间宿主。

2. 流行病学

热带全年可发生，无明显季节性；而在亚热带和温带，流行集中在炎热的夏秋蚊虫滋生的季节（5—10月），有明显的季节性。妊娠母猪通过蚊虫叮咬后发生感染，感染以后可以通过胎盘传给胎儿，多呈地方性流行。本病感染率高，发病率低。

3. 症状

自然感染的猪很少出现症状，人工感染的猪潜伏期3~4天。病猪发病突然，体温升高至40~41℃，稽留热，精神沉郁，食欲减退，结膜潮红，粪便干燥。有的猪后肢轻度麻痹，步态不稳，关节肿大，跛行，最后麻痹致死。妊娠母猪有的流产，有的预产期延长，有的产弱仔并于产出后不久死亡，有的胎儿因脑水肿而死，有的呈木乃伊胎或畸形胎。公猪睾丸发炎、充血、肿大，耐过后通常一侧睾丸大，一侧睾丸小，也有双侧睾丸发炎后萎缩变硬的。如仅一侧睾丸发炎萎缩，则仍有配种能力。

4. 病理变化

母猪无可见病理变化，公猪睾丸鞘膜有大量黏液，附睾边缘和鞘膜层可见纤维增厚。胎儿有脑水肿、皮下水肿、胸腔积水、腹水、淋巴结充血、肝和脾坏死灶、脑膜和脊髓充血等症状，小脑发育不全。

5. 诊断

根据此病流行于蚊虫滋生的5—10月，感染猪高热稽留，妊娠母猪流产，产死胎、弱仔和木乃伊胎，公猪睾丸炎和仔猪有脑炎症状，可以作出临床诊断。确诊需要送检病猪血清做补体结合试验、中和试验、血球凝集抑制试验。

6. 防治

加强饲养管理，注意驱蚊灭虫，尤其是消灭越冬的蚊虫。在流行地区，种猪在蚊虫滋生前1—2月（每年2月至4月初），使用乙型脑炎弱毒苗接种一次即可，必要时可加强免疫第二次。发病后为了防止继发性感染，可以使用抗生素或磺胺类药物。治疗脑水肿、降低颅内压，使用20%的甘露醇、25%的山梨醇、10%的葡萄糖液静脉注射100~200毫升。对兴奋不安的病猪可用氧丙嗪按3毫克/千克注射。若体温持续升高，可使用氨基比林或安乃近肌内注射。

二、常见的细菌性疾病

（一）猪支原体病（MPS）

1. 病原

此病为猪肺炎支原体引起的一种慢性、直接接触性传染病。

2. 流行病学

主要通过鼻腔接触和空气传播。本病不分年龄、性别和品种，均易感，尤以哺乳和刚断奶仔猪最易感。一年四季都可发生，但气候多变、阴冷潮湿的冬春季发病明显，饲养密度过大、环境太差的猪圈发病也很多。新发病区多呈急性暴发，发病和死亡率较高，然后经一段时间趋于缓和；老疫区多呈慢性或隐性经过，发病和死亡率较低。常与多种细菌、病毒与环境因素协同作用，引起猪呼吸道综合征（PRDC），表现为嗜睡、厌食、发热、咳嗽。在18周龄时发展到很严重的程度。本病多以慢性病例多见。

3. 症状

新发病为急性型，病猪咳嗽、喘气、呼吸困难、呼吸次数

40~70次甚至更多；病后期张口呼吸、犬坐姿势，似拉风箱般呈腹式呼吸。如有继发性感染，体温升高至40℃左右。病猪精神萎靡，食欲废绝，被毛粗乱，结膜发绀，渐进性消瘦，最后衰竭死亡。老疫区多呈慢性经过，长期咳嗽，以清晨、夜晚、运动以及进食后最易发生，多为痉挛性咳嗽，呼吸次数增加，腹式呼吸，夜晚可听见鼾声。病猪消瘦，生长缓慢或停止，体温正常，病程很长，死亡率不高。大多数猪场的猪在良好的饲养条件下呈隐性感染，不表现明显症状或症状消失（图5-7），但X光检查或剖检仍有肺炎病灶发现，耗料也有增加，出栏时间延长。

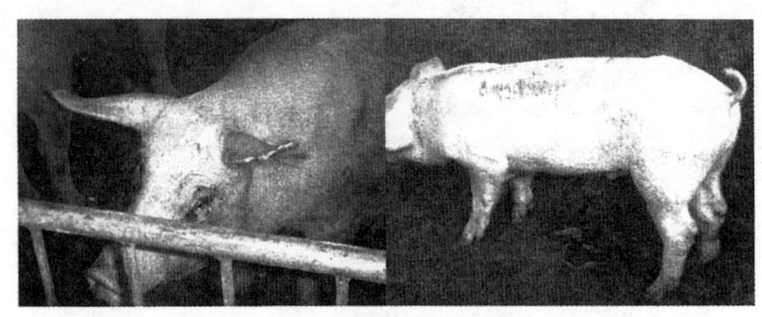

图5-7　猪肺炎支原体病猪

4. 病理变化

肉眼可见肺脏有红色到灰色的实变区，主要在尖叶、心叶、中间叶和膈叶的前部，呈对称性的胰变、肉变。严重病例，整个肺脏都有病变，肺质变硬、重量增加。气管中有黏液渗出，局部淋巴结肿大、质地变硬（图5-8）。

5. 诊断

根据流行病学特点和临床症状可以作出诊断。确诊需要送检病猪血清，做间接血凝试验和琼脂扩散试验。

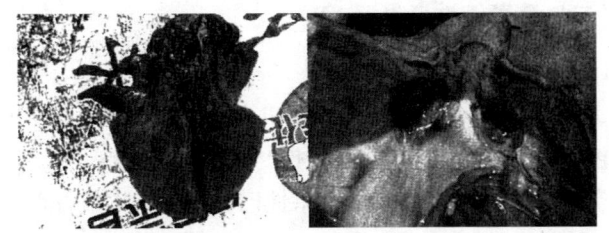

图 5-8 肺脏有从红色到灰色的实变区,淋巴结肿大,质地变硬

6. 防治

自繁自养,全进全出,早期发现,严格隔离,加强饲养管理,保持室内空气新鲜,降低猪舍氨气浓度,保持合理的猪舍温度,降低饲养密度,减少应激因素,定期严格消毒,对症治疗,淘汰病猪,更新猪群,可推行人工授精的办法和措施以控制本病。

(1) 疫苗免疫。

国产疫苗:猪喘气病168无细胞培养弱毒苗于7日龄、15日龄时胸腔注射和滴鼻,保护率78%~85%,免疫1周内避免使用大剂量抗生素,可以使用阿莫西林、青链霉素和红霉素;灭活苗于7日龄和21日龄时各肌注一次。

进口疫苗:灭活苗仔猪肌内注射,于7日龄和21日龄时各做一次免疫。

(2) 药物治疗。早治疗,加强饲养管理,在每吨饲料中添加以下药物组合之一连用7天:土霉素碱1 000克;泰乐菌素200克+金霉素200克+阿莫西林300克;泰妙菌素100克+磺胺六甲氧嘧啶200克+TMP40克;替米考星200克+阿莫西林300克。

个别病猪可以使用长效土霉素30~40毫克/千克、卡那霉素2万~4万IU/千克、泰乐菌素8~10毫克/千克肌内注射。

(二) 猪萎缩性鼻炎 (AR)

1. 病原

猪萎缩性鼻炎是败血波氏杆菌（NPAR）和多杀性巴氏杆菌（PAR）协同引起的一种慢性传染性呼吸道病。败血波氏杆菌是杆状或球状需氧菌，多杀性巴氏杆菌是需氧杆菌，均为革兰氏阴性。

2. 流行病学

各年龄的猪都可感染，多发生于2~5月龄的猪，病猪及带菌猪传播缓慢，1~3年才蔓延至全群。在寒冷、潮湿、拥挤、缺乏运动、饲料单一、缺乏某种微量元素和维生素的条件下可诱发本病。本病毒通过飞沫和空气传播，也可由鼻接触传播，可水平传播也可垂直传播，是条件性致病菌。

3. 症状

病初鼻炎，打喷嚏，从鼻孔流出带血丝的水样黏性或脓性分泌物，呼吸困难，眼圈周围形成泪斑（图5-9）。2~3个月后鼻甲骨萎缩（图5-10），脸部变形，鼻梁凹陷，上下门齿错开，不能正常吻合。严重时嘴、鼻子歪斜，鼻中隔扭曲，两眼之间跨度变窄，头的外形发生变化。

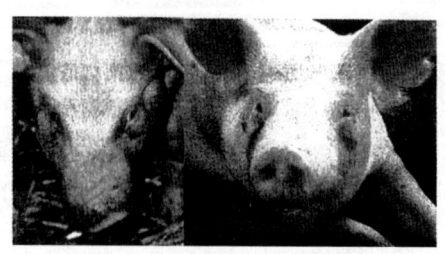

图5-9 颜面部歪斜和泪斑

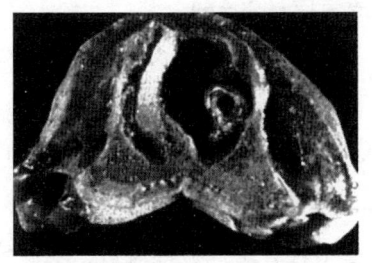

图 5-10　鼻甲骨萎缩

4. 病理变化

头面部变形，主要表现为：鼻软骨萎缩，鼻甲骨腹侧卷曲甚至完全萎缩，筛骨萎缩，严重的鼻甲骨消失。鼻腔有分泌物，鼻窦黏膜发炎，窦腔内有脓性、黏性的带血丝的积液。鼻腔周围骨骼变得疏松。

5. 诊断

根据口眼歪斜、头面部变形、咳嗽、打喷嚏、鼻孔流出带血丝的水样黏性或脓性分泌物、呼吸困难、泪斑等症状，可以作出诊断。确诊需要送检鼻腔深部的分泌物，做细菌分离培养，也可采血清做凝集试验。

6. 防治

自繁自养，全进全出，尽量避免大量引种，降低饲养密度，病猪和可疑猪淘汰，加强消毒，给予全价营养配合饲料。

（1）疫苗免疫。波巴二联苗母猪产前一个月注射 2 毫升，仔猪在 2 周龄时颈部皮下注射 0.5 毫升。

（2）药物防治。每吨饲料中添加泰乐菌素 200 克+磺胺嘧啶 200 克，连续饲喂 7 天。

(三) 猪链球菌病 (Strep)

1. 病原

主要是猪Ⅱ型链球菌、革兰氏阳性细菌。猪链球菌病是由猪的 C、D、E 和 L 群链球菌引起的发热性败血性传染病。

2. 流行病学

本病无明显季节性，呈地方性流行，隐性感染猪是主要的传染源，粪污也是重要的传染源。5~10周龄的猪易感，感染猪多表现为败血型，短期内波及全群，发病率与死亡率较高。新疫区流行时间一般为2~3周，高峰期1周左右。老疫区多散发，通常发病率低于5%。

3. 症状

（1）急性败血型。发病突然，高烧40~42℃，精神沉郁，食欲减退，眼结膜潮红，鼻漏增多，便秘，部分病例耳、四肢末端常有紫红色斑点或出血性红斑。部分病猪可见关节炎，跛行或不能站立。后期呼吸困难，1~2天内死亡。

（2）脑膜炎型。神经症状，四肢共济失调、转圈、磨牙、仰卧、后肢麻痹、爬行，卧地呈划水状。病程1~5天。

（3）化脓性淋巴结炎。多见于颌下淋巴结化脓性炎症，有时见于咽部和颈部淋巴结。主要是淋巴结肿胀，有热痛，影响采食。脓包成熟破溃后流出。一般不引起死亡，病程2~3周。

（4）子宫炎。子宫发炎，有恶露流出。

（5）关节炎。病猪的一肢或几肢关节化脓，由红、肿、硬发展到软。重者不能站立，精神时好时坏，死亡或逐渐恢复。病程2~3周。

4. 病理变化

（1）急性败血型。各器官充血、出血明显，脾脏肿大

(图5-11)。

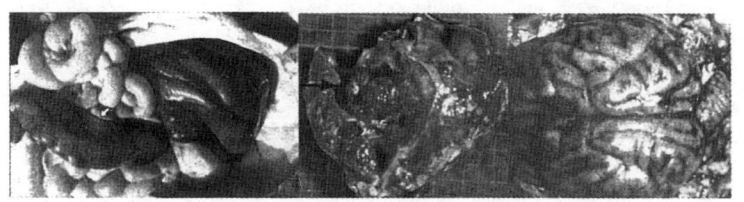

图5-11 各器官充血、出血明显,脾脏肿大,脑膜炎

(2)脑膜炎型。脑膜充血、出血,心包炎。

5. 诊断

根据剖检可见各器官充血、出血、浆膜炎、脑膜炎、关节炎等,可以作出初步诊断。确诊需要送检脓肿、肝、脾、心血或脑组织,涂片镜检,必要时进行细菌分离培养。

6. 防治

注意去势、注射和接生断脐带时的消毒,防止感染。

(1)疫苗防治。血清型较多,最好能分离到本场链球菌来制作自家苗,也可以使用市售猪链球菌氢氧化铝苗免疫接种,效果较好。

(2)药物防治。磺胺六甲氧嘧啶(磺胺五甲氧嘧啶)500克+TMP100克。大剂量青霉素、金霉素、庆大霉素、土霉素、四环素、恩诺沙星和硫酸新霉素等有效,脓肿患处可以使用鱼石脂软膏涂抹。

(四)猪痢疾(SD)

1. 病原

猪痢疾密螺旋体、革兰氏阴性厌氧的螺旋体。猪痢疾是由猪密螺旋体引起的一种危害严重的肠道传染病,又称猪血痢。临床表现黏液性或黏液出血性下痢。

2. 流行病学

本病无季节性,一年四季均可发生。不同品种、年龄的猪都可感染,猪的粪便是主要的传染源,但以2~3月龄的仔猪摄入带菌猪粪后发病最多。流行初期呈最急性和急性,病死率很高;其后多呈亚急性和慢性,生长发育缓慢。饲养管理不良或缺乏维生素和矿物质可加重本病的病情。

3. 症状

最急性型:见于暴发的初期,死亡率很高。个别无症状突然死亡,多数病例厌食,剧烈下痢,拉灰黄色软便并迅速转为水样便,带有黏液、血液或血块,可见脱落的黏膜和纤维素渗出物的碎片,腥臭。病猪肛门松弛,大便失禁,弓腰缩腹,眼球凹陷,高度脱水,怕冷,寒颤,最后抽搐死亡,病程12~24小时。

急性型:见于流行初中期。排带有大量半透明黏液的稀便,夹杂有血液或血凝块,还有褐色的脱落黏膜碎片。食欲减退或废绝,腹痛,脱水,消瘦。有的死亡,有的变为慢性。病程7~10天。

亚急性和慢性:多见于中后期。下痢时轻时重,反复发生。粪便中带有血液和黏液(图5-12)。食欲正常或稍减,进行性消瘦,生长迟滞。少数病猪反复发作。病程2~4周。

4. 病理变化

大肠壁和肠系膜充血水肿,肠系膜淋巴结肿大,腹腔内有少量清亮的液体,浆膜表面有稍凸起的白色病灶,肠黏膜肿胀,褶皱消失,可形成带血斑的黏膜纤维素性蛋白假膜。肝脏充血,胃底充血或出血。

5. 诊断

根据多发于仔猪、下痢、粪便中带血和黏液,剖检大肠和盲肠充血水肿,肠黏膜肿胀,褶皱消失,可形成带血斑的黏膜

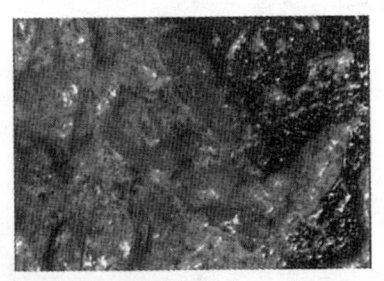

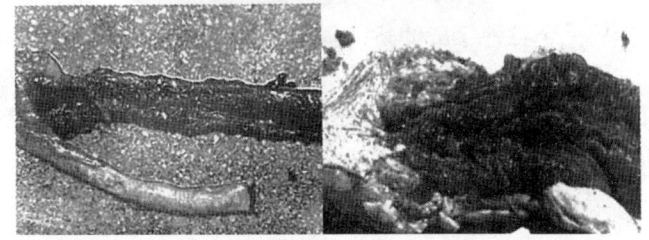

图 5-12 粪便中带有血液和黏液，肠黏膜纤维素性蛋白假膜，胃底充血或出血

纤维素性蛋白假膜，可以作出初步诊断。确诊需要送检新鲜粪便和大肠黏膜，直接进行涂片镜检。

6. 防治

自繁自养，加强饲养管理，做好猪舍和周围环境的卫生，严格安排消毒计划，母猪的乳头一定要清洗和消毒。消毒后的猪舍一定要空置一周以上再进猪。对猪粪进行堆积生物发酵处理，灭鼠灭蚊蝇。外购种猪要隔离观察和检疫，确认健康无病后方可混群。使用自家苗预防接种有一定的疗效。治疗可以使用痢菌净、硫酸新霉素、杆菌肽、螺旋霉素、庆大霉素、维吉利亚霉素等。

三、常见的寄生虫疾病

(一) 猪疥螨

1. 病原

猪疥螨是由疥螨寄生于猪皮内引起的一种慢性接触性皮肤病。

2. 流行病学

本病见于各种年龄的猪,多发于秋冬及初春季节。疥螨的发育过程包括虫卵、幼虫、若虫和成虫四个阶段,都在猪的皮肤内完成,整个发育周期为 22 天。饲养管理和卫生条件差的猪场更容易感染发病。

3. 临床症状

病初猪的头部、眼窝、颊部及耳部皮肤发红,然后蔓延至颈部、肩部、背部、躯干部两侧和四肢,有剧烈的痒感;病猪到处摩擦,引起被毛和皮屑脱落,之后皮肤潮红,浆液性浸润,甚至出血;进而皮肤出现小结节,形成水泡,渗出或形成脓包,溃破后结痂脱毛;渐进性消瘦,皮肤增厚,粗糙变硬,失去弹性,形成皱褶和龟裂。

4. 病理变化

耳廓内侧形成结痂性病变,臀部、腰部和腹部出现过敏性丘疹,丘疹内含大量嗜酸性白细胞、肥大细胞和淋巴细胞;脱毛,擦伤,皮肤增厚。

5. 诊断

根据临床症状可以作出诊断。确诊需要送检病猪患部与健部交界处的皮屑,在显微镜下检查虫体。

6. 防治

加强饲养管理,提高机体抵抗力,同群猪饲养密度不要过大，搞好环境卫生，保持栏舍清洁、干燥，通风良好，光照充足等；猪舍和用具定期用螨净或敌百虫喷洒，引种回来的猪需要隔离驱虫饲养两周后方可合群。

治疗：

（1）可以使用伊维菌素1毫升/33千克皮下注射，严重者1周重复1次；或者使用伊维菌素2克/吨拌料连续饲喂1周、停1周，再次饲喂1周。

（2）猪和周围环境可以使用1%的敌百虫、1%的螨净、50毫克/千克的溴菊酯等进行喷洒或者对猪进行药浴。

（二）猪弓形虫病

1. 病原

猪弓形虫病是由月牙形或梭形的弓形体虫引起的一种人畜共患性原虫病。

2. 流行病学

弓形虫的包囊存在于被感染动物的可食组织中，人畜食入了被感染的组织，包囊通过胃进入肠道，在肠道的固有层增殖，并最终扩散到全身引起发病。本病无明显季节性，但以夏秋季节（7—9月）和高温、闷热、潮湿地区多发。不同品种、年龄、性别的猪只均可发生，但以3~5月龄的商品猪发病严重。人畜通过食物和饮水感染。猫科动物是唯一可以从粪便中排出弓形虫卵囊的动物。感染的母猪可以垂直传播给仔猪。

3. 症状

病初体温升高到40~42℃，稽留7~10天；食欲减退或废绝，便秘与下痢交替，带黏液干粪；耳、唇、股内侧、腹部、四肢下部发绀或有淤血斑，腹股沟淋巴结肿大，最后卧地不起，体温下降并死亡；病情轻的仅仅表现为呼吸困难、呼吸加快、咳嗽等。耐过猪有咳嗽、呼吸困难、后躯麻痹、运动障碍、斜颈、痉挛等神经症状,有的有视网膜炎、脉络膜炎,甚至失明;怀孕母猪高热、不食,昏睡数天后流产或产弱仔、死胎。慢性病猪成为僵猪。

4. 病变

肺高度水肿,间质性肺炎;气管、支气管内有大量粘连性泡沫;全身淋巴结肿大;肝肿大,呈灰红色,散在小点坏死;脾稍肿大,呈橙红色;肠系膜淋巴结呈囊状肿胀。有时可见肌炎和脑炎(图5-13)。

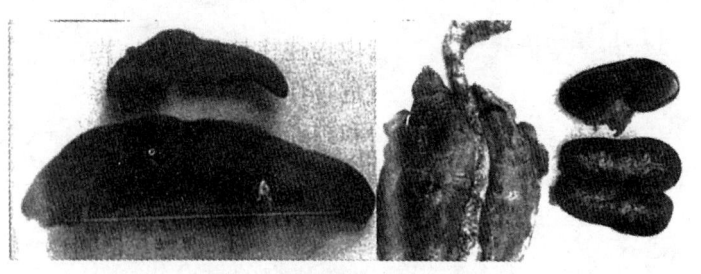

图5-13 脾肿大,肺高度水肿,间质性肺炎,肾水肿

5. 诊断

根据临床症状,如高热、黄疸和流行病学特点可以作出诊断。确诊需要送检胸腹腔渗出液或肺、肝、淋巴结,做涂片镜检虫体。

6. 防治

定期监测,淘汰阳性猪。病愈猪不做种用。严格消毒,场内禁止养猫、禽,定期灭鼠驱虫。对粪便进行生物发酵无害化处理。同时,可以使用磺胺六甲氧嘧啶500克+TMP100克连续使用一周进行预防,每个月一次。

治疗:可在每吨饲料中添加磺胺六甲氧嘧啶(或磺胺五甲氧嘧啶)500克+TMP100克连续使用一周。重症病猪对症治疗：退热、补液，并用抗生素防止继发性感染。磺胺药对弓形虫病后期猪体内的弓形虫包囊型虫体无效，所以治疗应"用药早，剂量足，疗程够"。

四、常见的霉菌毒素中毒病

霉菌毒素是谷物饲料中霉菌生长产生的次级代谢产物，它们是在各种植物和环境因素的影响，或霉菌生长条件的改变条件下形成的。霉菌毒素的产生一般需要具备较高的相对湿度（大于70%）和作物含水量（大于23%）。但黄曲霉毒素在湿度14%~18%、温度10~50℃的条件即可产生。不合适的储藏条件可以产生霉菌毒素。霉菌毒素的产生有季节性和地区性，寒冷、干旱和虫害可以影响霉菌毒素的产生，温暖、潮湿的环境有利于霉菌毒素的产生，环境和管理条件也可影响霉菌毒素的产生。但用肉眼观察却不能确定霉菌毒素的存在，只有通过实验室检测才能确定霉菌毒素的存在及其安全性。

（一）病原

猪采食了含有霉菌毒素的饲料而发病。最常见的霉菌毒素有黄曲霉毒素、赤霉菌毒素和镰刀菌毒素，霉菌毒素中毒往往是几种霉菌毒素协同作用的结果。本病是一种人畜共患、具有严重危害性的真菌毒素中毒病。主要侵害肝脏，导致全身性出血、消化机能障碍和神经病变。病猪采食量减少，生长缓慢，饲料利用率低，生殖周期紊乱等。

（二）症状

不同霉菌毒素中毒病症状不一，可以表现为以下几类。

（1）猪在吃了霉变的饲料5~15天后出现症状。中毒仔猪常呈急性发作，初期体温正常，精神萎靡，食欲减退，嘴、耳、四肢内侧和腹侧皮肤出现红斑，直肠出血，粪便干燥，后期停食、呕吐、腹痛、下痢，出现间歇性抽搐、过度兴奋、角弓反张等神经症状，大猪病程较长，精神萎顿，走路僵硬，异嗜，黏膜黄染，兴奋。

（2）初生仔猪阴户红肿，站立不稳，体质弱，部分小猪有间歇性抽搐、过度兴奋、角弓反张等神经症状。

（3）妊娠母猪可引起流产及死胎，奶头、外阴红肿，严重者出现肛脱或者子宫脱；公猪可以引起包皮炎、阴茎红肿等。

（三）病理变化

肝脏变形、坏死、肿大、色黄、质地脆，胆管增生（图5-14）。全身黏膜、皮下、肌肉可见出血点或出血斑。淋巴结水肿。肾弥漫性出血，肾间质变脆、色淡、土黄色。肺淤血水肿，间质增宽。胸腹腔积液，口腔溃疡，胃溃疡，胃肠卡他性、出血性炎症。胸腺缺陷。尿中的葡萄糖和蛋白质含量升高，子宫肥大，外阴发生阴道炎，包皮增大，睾丸炎、鞘膜角质化。大脑有出血、水肿。

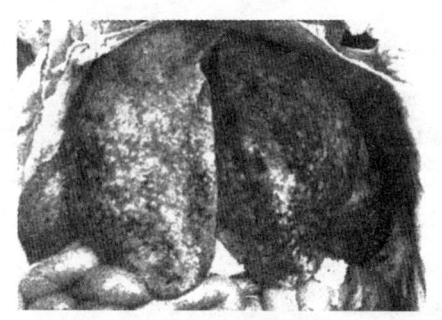

图5-14 肝脏变形、坏死、肿大、色黄、质地脆，胆管增生

（四）诊断

根据流行病学的特点以及全群发病，换料即止，病猪阴户红肿，有程度不一的神经症状，剖检可见肝脏变形、色淡、土

黄色，胃肠有卡他性、出血性炎症等情况，可以作出初步诊断。确诊需要送检饲料原料，做霉菌毒素检测。

（五）防治

根据症状和病变，全群发病，怀疑为霉菌毒素中毒时，可以马上更换饲料或做动物回归试验。同时，还要考虑不同霉菌毒素引起的临床症状和病理变化不一样。

不使用霉变的玉米、麦麸等饲料原料，不饲喂发霉的配合饲料。改善仓库的储藏环境、混合设备和饲料槽的使用条件。对已经被霉菌毒素污染的饲料且霉变轻微的，可以加入脱霉剂，如敌毒素、百安明并作稀释处理后限量饲喂。饲料置于干燥、通风、阴凉的地方，避免潮湿和雨淋。

立即停喂可疑饲料，改换新鲜、富含维生素的全价配合饲料日粮，加强饲养管理。目前尚无特效解毒药，只是对症疗法，采取排毒、保肝解毒、止血、强心的措施。对肛脱和阴脱的猪，可用2%~4%的明矾水清洗，涂抹抗生素软膏后手术还纳整复。对急性中毒猪群，主要是排毒、解毒、缓解呼吸困难。可用0.1%的高锰酸钾溶液、温生理盐水或2%的碳酸氢钠液进行灌肠、洗胃后，内服盐类泻剂，如硫酸钠30~50克加水1升，一次内服；静脉注射5%的葡萄糖生理盐水300~500毫升，40%的乌洛托品20毫升。必要时可以使用镇静剂或10%的安钠咖5~10毫升强心。

五、常见的普通病

（一）妊娠期疾病

1. 猪便秘

粪便在猪肠道内大量蓄积变得干硬，使肠腔完全堵塞从而引起猪的便秘。本病发生于各种年龄的猪，但以仔猪和妊娠母猪多发，便秘部位一般发生在结肠。

(1)病因。一是食物粗硬,饮水不足,饲料中混杂多量毛发、泥沙或其他异物(多是垫草、包装纤维),饥饱不均、食盐不足等原因引起;二是全价料、浓缩料或预混料中药物过多引起的药源性便秘;三是饲料中纤维素含量不够或过多;四是饮水、运动不足,限位栏使母猪被限定在有限的空间内。此外,也见于许多热性烈性传染病、部分中毒性疾病和寄生虫病病发的过程中。

(2)症状。频频出现排大便的姿势,用力努责,干硬粪便很难排出,或仅排出少量表面带黏液和血丝的干硬粪球(图5-15)。严重的不见排粪,少食或停食,肚胀口渴贪饮,起卧不安,回顾腹部,以手按压腹部有痛感,很硬,肠音减弱或消失,精神沉郁,腹部胀满。如无并发感染,则体温正常;有时由于肠道内粪便压迫膀胱,可伴尿潴留或尿闭。

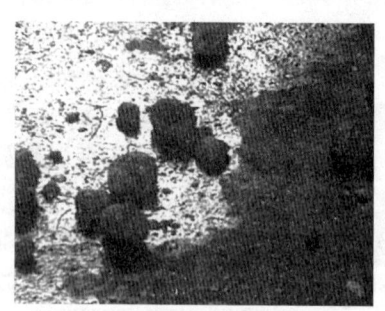

图5-15 干硬粪球

(3)诊断。根据病史和临床症状可以作出诊断。

(4)防治。改善饲养管理,合理搭配饲料,不用粉碎不好的粗硬饲料喂猪,防止饲料内混入泥沙,保证充足饮水、适量运动,不给粗纤维过多的饲料,提供全价配合饲料,添加益生菌和生理调节剂,减少使用药物。传染病和中毒病以治疗原发疾病为原则,其他便秘按下面方法防治。

①确诊是便秘引起的腹痛起卧,可以肌内注射安乃近3~5

毫升，心衰时应注射安钠咖2~10毫升，也可静脉或腹腔注射250~500毫升葡萄糖或生理盐水。②硫酸新斯的明2~5毫克或2%的毛果芸香碱溶液0.5~1毫升，皮下注射（妊娠猪禁用），只注射一次。③缓泻。硫酸钠（镁）30~100克，或用中药芒硝100克、大黄50克，共研细末拌料，一次饲喂（妊娠猪禁用）。④石蜡油50~100毫升内服，45℃左右的肥皂水2~2.5千克加压深部灌肠。⑤增加饲料中纤维素的含量。配方中适量添加麦麸或细米糠10%~30%，预防便秘发生。

2. 胃溃疡

胃溃疡是指急性消化不良与胃出血引起的胃黏膜局部组织糜烂、坏死或自体消化，从而形成圆形溃疡面，甚至胃穿孔。

（1）病因。

饲料：饲料品质不佳，颗粒太大（小），饲料粗糙，霉变，难以消化，缺乏营养；日粮中混入大量刺激性的矿物质制剂，缺乏足够的纤维和维生素E/SE；谷物日粮中含玉米的比例过高，其发病率也较高；饲料加工过程不合理等。

应激因素：本病多发于圈养猪，尤其是饲喂大量谷类食物和生长速度快的猪。往往因易受到过分拥挤、过度惊扰、保定和运输、临产前管理不当以及饲养管理不良等应激作用而引起神经体液调节机能紊乱。

遗传因素：本病有很大的遗传性，与目前选育的方向——生长发育快及背膘少有关。

继发因素：猪瘟、慢性猪丹毒、猪沙门氏菌、蓝耳病、圆环病毒Ⅱ型、猪蛔虫感染、铜中毒性肝营养不良、桑葚样心脏病、分娩等，致使胃黏膜充血、出血、糜烂、溃疡，从而发生继发性胃溃疡。

（2）症状。

急性病猪：不见临床症状即死亡，多死于胃黏膜出血。

亚急性病猪：有明显的苍白、贫血症状，衰弱、厌食及呼吸加快，粪便由黑色黏稠糊状变为少量覆盖有黏液的小球，病初腹痛、磨牙、不安，有时出现呕吐，便血、便干是其常见的特征性症状。卧地不起，多在 12~48 小时内因虚弱而死亡。

慢性病猪：失血过多导致贫血，皮肤苍白，粪便发黑。有的伴有慢性腹膜炎的症状。

（3）病理变化。剖检常见胃内广泛性出血，胃中有新鲜血液。胃黏膜过度角质化和上皮剥脱，有的无真正的溃疡，但胃内有过多的液状内容物。有的胃染有胆汁。

（4）诊断。根据有出血性贫血的特征和症状，病理剖检见胃内广泛性出血，排黑色干燥粪便，以及特殊仪器检查，如内窥镜检查、血液学检查、粪便检查，可作出诊断。

（5）防治。可加强饲养管理，提供全价饲料，避免将饲料粉碎过细或过粗，减少各种应激。

治疗的原则是镇静止痛、抗酸止酵、消炎止血，同时改善饲养管理、加强护理；给予富含营养易消化的饲料，减轻疼痛和反射性刺激；口服鞣酸保护胃黏膜，用氧化镁、1%的碳酸氢钠等抗酸剂中和胃酸，投服次硝酸铋 2~6 克保护溃疡面，防止出血，促进愈合；注射铁剂和 B 族维生素的药液以刺激造血功能和食欲。对于出血严重的猪，可用止血敏或维生素 K。另外，可静脉补充葡萄糖溶液、维生素 C。

（二）产后期疾病

1. 猪的子宫炎

（1）病因。难产，胎衣不下，子宫脱出，助产手术不洁，操作粗野，造成子宫损伤、产后感染，以及人工授精时消毒不彻底，自然交配时公猪生殖器官或精液内有致病菌、炎性分泌物等，均可引起子宫内膜炎。母猪营养不良、个体瘦弱、抵抗力下降时，其生殖道内非致病菌也能引起发病。

（2）症状。临床上可分为急性与慢性子宫内膜炎。

急性子宫内膜炎：全身症状明显，母猪体温40℃以上，精神不振，食欲减退或废绝，时常努责，特别是母猪刚躺下时，阴道内流出白色黏液，或带臭味污秽不洁红褐色黏液或脓性分泌物，分泌物粘于尾根部，腥臭难闻。有时母猪出现腹痛症状。急性子宫炎多发生于产后及流产后。

慢性子宫内膜炎：多由急性子宫内膜炎治疗不及时转化而来。病猪全身症状不明显。病猪可能周期性地从阴道内排出少量浑浊的黏液。母猪发情延迟或不正常，即便发情也屡配不孕。

（3）病理变化。子宫炎，子宫内膜炎，阴道炎。

（4）诊断。根据流行病学特点和症状可以作出诊断。

防治：保持猪舍清洁、干燥，临产时地面可铺清洁干草。助产应小心谨慎，手臂、用具要消毒，取完胎儿、胎衣后，应用消毒液洗涤产道，并注入抗菌药物。人工授精要严格按要求操作和消毒。

治疗：①在产后急性期，首先应清除积留在子宫内的炎性分泌物，用0.9%的生理盐水或0.02%的新洁尔灭溶液、0.1%的高锰酸钾溶液充分冲洗子宫。冲洗后务必将残留的洗液全部排出，至导出的洗液全部透明为止。最后向子宫内注入20万~40万IU青霉素或1克金霉素。②全身疗法可用抗生素或磺胺类药物治疗。青霉素160万~480万IU、链霉素200万IU，肌内注射每日2次。金霉素或土霉素盐酸盐40毫克/千克，每日肌内注射2次，磺胺嘧啶钠0.05~0.1克/千克，每日肌内或静脉注射2次。③对慢性子宫内膜炎的病猪，可用青霉素20万~40万IU、链霉素100万IU，深入高压消毒的植物油20毫升中，向子宫内注入；并皮下注射垂体后叶素20万~40万IU，促使子宫收缩，排出宫内炎性分泌物。④银花、黄连、知母、黄柏、车前、猪苓、泽泻、甘草各15克，水煎1次喂服。

2. 猪的乳房炎

（1）病因。由于乳房在地面摩擦，仔猪咬伤乳房以及冻伤、挤压受伤等，感染链球菌、葡萄球菌、大肠杆菌或绿脓杆菌、放线菌、口蹄疫等病原菌，引起乳房炎或乳房内乳汁停滞。断乳方式不当也可引起乳房炎，全身疾病或其他器官患病时也可引起乳房炎，如母猪患子宫内膜炎时，常并发此病。母猪产前产后喂饲料过多，泌乳量过大，小猪吃不完也可引发此病。

（2）症状。患猪乳房可见潮红、肿胀，触之有热感，变硬。由于乳房疼痛，母猪厌食，直肠温度在 40℃ 以上，母猪因怕痛而拒绝仔猪吮乳，使仔猪饥饿不安。初期乳汁稀薄，后变为乳清样，仔细观察可见乳中含絮状物。炎症发展成脓性时，乳汁少而浓，混有白色絮状物，有时带血丝，甚至有黄褐色脓液，有腥臭味。严重时，乳房排不出乳汁、脓汁，形成脓肿以致溃疡。患脓性或坏疽性乳房炎，母猪会出现全身症状，体温升高，食欲减退，精神不振，喜卧，不愿起立，不让仔猪吃奶等。

（3）病理变化。乳腺出现坏死和化脓性炎症，继而发展成为肉芽肿，失去泌乳能力。

（4）诊断。根据病猪乳房可见潮红、肿胀，触之有热感，变硬、无乳等，可以作出诊断。

（5）防治。为了预防本病，母猪在分娩前后 3~5 天内，以及断乳前 3~5 天内，要酌情减少精料及多汁饲料，以减少乳腺的泌乳；同时应防止喂给大量的发酵饲料。保持猪舍清洁、干燥和大量垫草。发现乳房外伤时，应及时消毒处理。

治疗：①隔离仔猪。症状轻的可用温水洗净乳房。乳房硬结时，轻轻按摩，使硬结消散，挤出患病乳房内的乳汁（注意：化脓性乳房炎时不可按摩和挤压），局部涂以消炎软膏，如 10% 的鱼石脂软膏或 10% 的樟脑软膏。②乳房基部封闭，用0.5%~1%的普鲁卡因注射液10~15毫升稀释青霉素20万~40万IU，在乳房实质与腹壁之间的空隙，用注射器平行刺入，注射于乳房周围。1~2天后如不减轻，可再注射1次。③如乳头管通透性良好，可用乳导管向乳池腔内注入5万~10万IU青霉素，或再加入链霉素5万~10万IU，一起溶入0.2%~0.5%的盐酸普鲁卡因溶液或生理盐水中，1次注入；也可用乳导管针头注入。注入前要挤净乳汁。④乳房化脓、形成脓肿的，应尽早由上向下纵行切开，排出脓汁。然后用3%的过氧化氢溶液或0.1%的高锰酸钾溶液冲洗干净脓汁。脓肿较深时，可用注射器先抽出其内容物，最后向腔内注入青霉素10万~20万IU、链霉素10万IU。⑤病猪出现全身症状时，可肌内注射青霉素、链霉素、庆大霉素等药物，亦可内服磺胺类药物。另外，同时内服乌洛托品2.0~5.0克，以促使病程缩短。⑥中药治疗，可以选用以下处方。

处方一：银花、连翘、蒲公英、地丁各10克，知母、黄柏、木通、大黄、甘草各6克，研末拌料。

处方二：王不留行10克，乳香、没药各6克，水煎，加酒适量喂服。

处方三：全瓜蒌1个，当归15克，川芎10克，白芷15克，赤芍15克，贝母15克，蒲公英30克，山甲（炮）10克，金银花30克，乳香15克，没药15克、甘草15克，水煎喂服。

处方四：皂刺、赤芍、当归尾、荆芥、防风、花椒、黄柏、连翘、透骨草各50克，水煎，候温外洗。每日1次，连用2~3次。

处方五：茄子把或南瓜把7个，烧成灰，研细，用白酒50毫升喂服。

处方六：蒲公英100克，水煎，加黄酒100克，分2次喂服。

3. 产后无乳综合征（MMA）

（1）病因。某些细菌性因素，如大肠杆菌、沙门氏菌、溶血性链球菌、金色葡萄球菌、钩端螺旋体、绿脓杆菌、放线菌等。某些病毒性疾病，如猪瘟、蓝耳、伪狂犬、口蹄疫等。还有乳腺发育不良、乳汁合成不足和其他与泌乳相关的物质不足，都是导致母猪产后无乳综合征的原因。

（2）特点。母猪产后 1~3 天逐渐表现出少乳或无乳、厌食、便秘、母性差、对仔猪淡漠等。产后无乳综合征一般认为是乳房炎、子宫炎和产后泌乳障碍的病理性因素造成的。

（3）症状。母猪泌乳不足，仔猪生长缓慢，死亡率增高。仔猪长时间争斗，体重减轻，个体小，非哺乳时间紧挨母猪。母猪发烧，鼻镜干燥，厌食，精神萎靡，乳房肿胀、发热并稍有痛感，乳房内的实质感觉坚硬，分泌少许乳汁，不让仔猪吸吮乳汁。有的便秘或腹泻，部分母猪阴户流出脓性分泌物。仔猪消瘦，被毛粗乱，皮肤苍白，生长迟缓，体质虚弱。

（4）诊断。根据流行病学的特点和临床症状可以作出诊断。

（5）防治。

①加强母猪产前、产中和产后的饲养管理。从产前 7 天到产后 7 天在饲料中添加抗生素，产后的头 3 天注射抗生素，分娩当天注射前列腺烯醇 2 毫克和抗生素，同时静脉注射 10 IU 的催产素。产前 20 天增加饲喂量至 6 千克，临产前一天减少饲喂量至 2.5 千克，生产当天不喂料，产后第 2 天开始至产后第 5 天慢慢增加饲喂量至 6 千克，以后根据带仔的多少，每天增加 0.5 千克，直到母猪自由采食。与此同时，搞好猪圈的清洁、消毒和保温工作，减少应激因素，为母猪和仔猪创造良好的生活环境。②预防饲料霉菌毒素中毒。改善仓库、混合设备、饲料槽和储藏环境的使用条件。饲料置于干燥、通风、阴凉的地方，避免潮湿和雨淋。不使用霉变的玉米、麦麸等原

料，不饲喂发霉的配合饲料。对已经被霉菌毒素污染的饲料且霉变轻微的，可加入脱霉剂，如敌毒素、百安明并作稀释处理后限量饲喂。在饲料中添加维生素 E 400IU 和硒 3 毫克。③防止母猪产前便秘。在产仔之前妊娠后期的母猪饲料中增加纤维素多的原料用量，保证清洁饮水，适当增加母猪的运动量。④严格消毒，保持产房栏舍干净卫生。产仔母猪在进入产房前的圈舍必须清扫、冲洗、消毒，空舍 7 天以上；产仔栏干净卫生，母猪进入产仔栏后定期消毒，每天打扫卫生，刷拭母猪身体，不留污物。⑤在饲料中添加适量抗生素或产后母猪注射 1~2 次长效抗生素，如长效头孢、长效土霉素、长效阿莫西林等，防止子宫炎和乳房炎发生。

4. 产后瘫痪

母猪产后瘫痪又叫奶瘫，多发生在仔猪断奶前后。发生奶瘫的母猪往往是那些代谢旺盛、泌乳性能好、带仔多的母猪。

（1）病因。产后瘫痪一般认为是由于血钙骤然减少和产后血压降低等原因，大脑皮质发生延滞性阻抑。骨骼中的钙、磷总是处在动态平衡状态，即饲料中的钙、磷充足时，血液中的钙、磷含量也高，多余的钙、磷储存在骨骼内海绵状骨的小梁内。当饲料中的钙、磷不足时，血液中的钙、磷也随之减少。当减少到一定程度，即血液中的钙、磷枯竭时，母猪就要从骨骼内抽调出钙、磷，先抽调海绵状骨内的钙、磷，再抽调软骨内的钙、磷，最后抽调致密骨内的钙、磷，于是就发生了奶瘫。开始母猪表现为瘸腿，后表现为卧地不起。如果正值瘸腿还要进行配种，则可能发生骨折。此外，难产及胎儿过大、强行助产拉出胎儿时，可能引起坐骨神经挫伤，或者骨盆韧带及荐髂韧带损伤，从而引起母猪后肢不能站立。产后瘫痪又称产后麻痹或乳热症。

（2）症状。母猪产后瘫痪是分娩后 3~7 天发生的一种急性的严重神经障碍疾病，通常无全身症状，但不能站立，也无髋关节及股胫关节脱位、骨盆骨折及腰扭伤。本病的特征是知觉丧失及四肢发生瘫痪，是一种急性低血钙症。如治疗不及时，可继发骨折、肌肉萎缩、神经麻痹和关节脱位等，从而给养殖场造成极大的经济损失。产前瘫痪表现为怀孕母猪长期卧地，后肢起立困难，检查局部无任何病理变化，食欲、呼吸、体温等均正常，强行使猪起立后步态不稳，后躯摇摆，很快又卧倒。病程拖长则病猪瘦弱，患肢肌肉发生萎缩。如果不能及时治疗，则症状很快消失，过久则易发生褥疮，发生败血症并致死。

（3）诊断。根据病发在分娩后的3~7天、知觉丧失与四肢发生瘫痪，可以作出诊断。

（4）防治。注意产前产后饲料中钙磷比例的合理调整及营养的补充，供给哺乳母猪充足的钙、磷，每日每头母猪给喂骨粉或石粉25~50克，并注意钙、磷比例。如果日粮中缺磷，应适当多加麸皮以补磷；如果日粮中磷超过钙较多，仅加石粉而不能加骨粉，以补充钙。

产前出现瘫痪应使用钙剂治疗：①维丁胶性钙穴位注射20毫升；10%的葡萄糖酸钙50~100毫升静脉注射，并配以葡萄糖生理盐水补液。②局部涂擦刺激以促进血液循环。皮下或穴位注射0.2%的硝酸士的宁5~10毫升，有一定疗效。③便秘时可用温肥皂水灌肠，并用盐类泻剂硫酸镁或硫酸钠20~50克缓泻。

产后瘫痪主要以补充营养，改善血液循环，对猪进行综合治疗：①维丁胶性钙穴位注射20毫升；10%的葡萄糖酸钙50~100毫升静脉注射，并配以葡萄糖、生理盐水补液。②使用盐类泻剂缓泻（硫酸镁40克或硫酸钠40克），并用温糖溶液灌肠（食糖100克，水750毫升），间隔2~3小时再灌一次。③可口服钙剂，能迅速提高血钙浓度，防止细菌入侵机体引起继发感染，同时可用补中益气散（一次量45~60克，一日 1 次，3~5 天为一个疗程）拌料。④皮下或穴位注射 0.2% 的硝酸士的宁 5~10 毫升，或用地塞米松 40~100 毫升，有一定疗效。

第四节　安全用药和药品保管

一、疫苗和药品保存与管理

(一) 影响药物稳定性的因素

在保管药品的过程中，影响药品质量的因素分为环境因素、人为因素、药品自身因素。

1. 环境因素

（1）空气。对药品质量影响比较大的为空气中的氧气和二氧化碳。氧气易使某些药物发生氧化作用而变质；二氧化碳被药品吸收，发生碳酸化而使药品变质。一些药物在保存时密封不严与空气中的氧起化学反应或吸收空气中的二氧化碳、水分等使药品变质或失效。如乙醚密封不严易与空气中的氧反应生成有毒的过氧化物和乙醛，硫酸亚铁易氧化生成黄褐色不溶性硫酸铁。保存时密封不严，漂白粉在潮湿的条件下，可吸收二氧化碳，慢慢放出氧而使效力降低。密封不严时有些粉剂药品能吸收空气中的水分、有害气体、灰尘等影响本身质量，如活性炭吸收水分后会降低吸附作用。

（2）温度。温度过高或过低都能使药品变质。温度过高在加快药品变质中起到催化作用，会很快失效，例如抗生素和生物制品保存温度过高很容易使效力降低或失效；温度过高易使软膏、胶囊剂融化、粘连、软化，使薄荷油、碘酊等挥发性药物挥发速度加快。而温度过低又易引起冻结或析出沉淀，例如甲醛在 9℃ 以下生成聚合甲醛，灭活疫苗冻结后效力减低或失效。

(3) 日光。日光中所含有的紫外线,对药品变化常起着催化作用,能加速药品的氧化、分解,可使许多药品直接发生或促使其发生化学变化(氧化、还原、分解、聚合等)而变质。例如,肾上腺素遇光可逐渐变成红色银盐和汞盐,颜色变深,毒性增大;双氧水遇光可分解生成氧和水。

(4) 湿度。湿度太大或太小均对药品都不好,库内的最适宜相对湿度在45%~75%。湿度太大,能使药品吸收空气中的水蒸气而引湿,其结果是使药品潮解、液化、稀释、变质或霉败(替米沙坦,丙戊酸钴);湿度太小,易使含结晶水的药品风化(失去结晶水),药品风化后在使用中难以掌握正确的剂量,对剧毒药品易超量而引起中毒,如硫酸阿托品、磷酸可待因、硫酸镁、硫酸钠及明矾等。

(5) 时间。有些药品因其性质或效价不稳定,尽管储存条件适宜,时间过久也会逐渐变质、失效。超过有效期,有些药品因理化性质不太稳定,易受外界因素影响。例如,抗生素、生物制品、脏器制剂和某些化学药品,为了保证使用安全有效都规定了有效期,应当在有效期内使用,过了有效期药品效力就会减低、失效或毒性增加。

2. 人为因素

人为因素包括药学人员的素质、工作态度和责任心等。

3. 药物本身因素

药品具有一定的理化性质,不同的药品其理化性质差异很大,药品的自身特性对其质量起着关键性的作用。

(1) 青霉素类药品容易水解。

(2) 一些含有挥发油的药品遇热极易分解。

(3) 碘、碘仿、樟脑、薄荷脑、麝香草酚等具有升华性。

(4) 鱼肝油乳、松节油擦剂、镁乳、氢氧化氯凝胶等易发生冻结。

（5）药用炭、白陶土、滑石粉等具有吸附性。

(二) 不同性质药品的保管方法

1. 一般药物的保管

（1）易受光线影响而变质药品的保管方法。主要包括遇光易引起变化的药品（如银盐、过氧化氢溶液等）和见光容易氧化、分解的药物（如肾上腺素、乙醚等）。对易受光线影响而变质药品的保管，采取的方法有放在阴凉干燥、阳光不易直射处，门窗黑帘遮光，采用棕色瓶或黑色纸包裹的玻璃瓶包装。

（2）易受湿度影响而变质药品的保管方法。

①对易吸湿的药品，可用玻璃瓶软木塞塞紧、蜡封、外加螺旋盖盖紧。对易挥发的药品，应密封，置于阴凉、干燥处。②控制药库内的湿度，可设置除湿机、排风扇或通风器，也可辅用吸湿剂（例如，石灰、木炭等）。此外，根据天气条件，分别采取下列措施：在晴朗、干燥的天气，可打开门窗，加强自然通风；当雾天、下雨或室外湿度高于室内时，应紧闭门窗，以防室外潮气侵入。

（3）易受温度影响而变质药品的保管方法。一般药品储存于室内即可，室温10～30℃；温度较高影响药品稳定性时，药品一般储存于阴凉处或冷处，阴凉处是指不超过20℃、冷处是指2～10℃。阴凉处和冷处要区别于冷冻，冷冻温度是指温度在0℃以下，如卡孕酸的储存温度。

（4）易燃、易爆危险品的主要特征及性状。

①易爆炸品。指受到高热、摩擦、冲击后能产生剧烈反应而产生大量气体和热量，引起爆炸的化学药品，如硝酸铵、高锰酸钾等。②自燃及易燃烧的药品。例如，黄磷在空气中能自燃；金属钾、钠遇水后，以及碳粉、锌粉及浸油的纤维药品等极易燃烧。③易燃液体。指引燃点低，易于挥发和燃烧的液

体，例如乙醚、乙醇等。④毒性药品。例如，氰化物、亚砷酸及其盐类、汞制剂、可溶性钡制剂等。⑤腐蚀性药品。例如，硫酸、硝酸等。

（5）易燃、易爆危险品的保管原则和方法。

①此类药品应储存于危险品库内，不得与其他药品同库储存，并远离电源，专人负责保管。②危险品应分类堆放，特别是性质相抵触的物品（例如，浓酸与强碱）。灭火方法不同的物品，应该隔离储存。③应严禁烟火，不准进行明火操作，需要有消防安全设备（例如灭火器、沙箱等）。④危险品的包装和封口必须坚实、牢固、密封，并应经常检查是否完整无损和渗漏，如果出现情况必须立即进行安全处理。

如果保管不恰当，药品就可能出现变质。变质的药品不仅不具备正常的药效，如果还继续使用会造成机体巨大的伤害，因此可以通过眼看、鼻闻、手摸等来进行鉴别。如果条件允许，最基本的也是最容易的方法是比较法。

（6）药品的性质改变初步识别。

①胶囊剂。主要看外观是否粘连、变色、变形、变软，出现漏粉、发霉现象。药品有特异臭味时不能使用。②片剂。正常的药片色白、光亮、不粘手，变质的药片颜色变黄，表面粗糙、松散、潮解、发裂、粘手、片面有晶体样的物质或出现斑点、霉斑。有些剂型糖衣片，一旦发现糖衣粘连或开裂也不能使用。③水针剂。水针剂应为澄清透明的液体；若出现浑浊、异物、霉团、沉淀或同一批号颜色不一致的情况，则表明药品已变质。④合剂和糖浆剂。一般糖浆剂和合剂应当澄清透明，无异物，少部分制剂可能有少量沉淀，但振摇均匀可分散开。如果液体中有大量沉淀或出现块状物及其他异物、霉团、瓶口标签出现霉变及破损，如果有发霉、发酵及异常酸败味，则表明药品已变质。⑤冲剂。正常的冲剂应为松散、色正、干燥、颗粒易滚动、不潮湿；如果出现潮湿、结块、融化、有异味或

手捏成团的现象，表明已变质，应禁止使用。⑥中成药。此类药品若出现霉变、生虫、蜡封开裂、水丸表面无光泽、软结、表面干燥或发黏等现象，则表明药品已变质。⑦粉针剂。粉针剂应为粉状的松散型细粒，振摇易散开，溶解后应澄清透明。如果出现结块振摇不散、粘底、粘壁、溶解后浑浊、有异物或使用前瓶口已松动或开启，表明药品已变质。

2. 特殊药品的储存与保管

（1）医疗用毒性药品的储存保管方法。

①毒性药品必须储存于专用仓库或专柜加锁，并由专人保管。库内需要有安全措施，例如警报器、监控器，并严格实行双人、双锁管理制度。②对毒性药品的收发货及不可供药用的毒性药品的销毁等规定和要求与麻醉药品相同。

（2）麻醉药品和一类精神药品的储存保管方法。特殊药品除了和一般药品一样保管外，还要注意做到"五专"，即专人负责、专柜加锁、专用账册、专用处方、专册登记。

①由于破损、变质、过期失效而不可供药用的品种，应清点登记，单独妥善保管，并列表上报药品监督管理部门，听候处理意见。如果销毁必须由药品监督管理部门批准，监督销毁，并由监督销毁人员签字，存档备查，不能随便处理。②麻醉药品的大部分品种，特别是针剂遇光变质，库（柜）应注意避光，采取遮光措施。③第二类精神药品，可储存于普通的药品库内。

（3）放射性药品的储存保管方法。

①放射性药品应严格实行专库（柜）、双人双锁保管，专账记录。仓库需要有必要的安全措施。②放射性药品的储存应有与放射剂量相适应的防护装置；放射性药品置放的铅容器应避免拖拉或撞击。

二、常见药品

（一）抗生素

抗生素是杀灭细菌的化学物质。当抗生素被合理使用时，对被治疗的动物基本没有不利的影响，抗生素的作用方式差异很大。杀菌性抗生素杀死细菌是通过破坏掉细菌的细胞壁或者干扰细菌的正常新陈代谢过程而发挥杀菌作用。抑菌性抗生素阻止细菌的生长和繁殖，使动物体的防御系统更有效地抵抗感染。不同的抗生素可以抵抗不同的细菌。如果一个抗生素药物对一个较大范围的不同种类的细菌都有效，如四环素，它就被称为广谱抗生素。如果只对相对较少的几种细菌有效，所以被分类为"窄谱"抗生素。

1. 青霉素

使用青霉素时，比使用其他种类的抗生素更加普遍地需要过敏反应检验。生产商已经把青霉素和双氢链霉素混合在一起制造了青链霉素，这两种抗生素的混合制剂在使用时对敏感病原菌有协同作用，它们一起的作用比其中任何一个抗生素单独使用时的效果都更好。青链霉素过去被广泛地用于治疗大部分家畜的全身性感染。但是由于青链霉素有 30 天的停药期，因此养猪生产者现在有更多的选择，而且可以选择更有效的广谱抗生素和停药期更短的价格更低的抗生素，所以青链霉素的使用范围不如以前广泛。

2. 四环素

四环素类抗生素是广谱抗生素，包括金霉素和氧四环素。合格的四环素制品可以口服或注射用。两种四环素经常以预防甚至治疗某些特定传染病的剂量水平，添加到猪的预混料中。当用氧四环素的注射用制品肌内注射时，对组织产生刺激作用，大剂量的氧四环素注射到和存留于任何一个部位，都将导致炎症和组织变性坏死。

3. 新霉素

新霉素的抗细菌作用与链霉素相似，一般仅限于口服给药，主要用于治疗肠道感染和哺乳仔猪腹泻。新霉素毒性很大，禁止注射使用，猪新霉素停药期为14天。含有新霉素的悬浮液，禁止连续使用4天以上。

4. 泰乐菌素

泰乐菌素被用来治疗猪丹毒、肺炎和猪痢疾。肌内注射时，它有某种程度的刺激性，在任何位置注射用药不应该超过5毫升。当在饲料中使用泰乐菌素治疗动物疫病时，停药期至少为8天。

5. 磺胺类药物

最常用的一般磺胺类药物是氨苯磺胺，可以通过食物或水进行口服。法律规定磺胺二甲嘧啶在没有兽医的处方时，不能用于断奶以后的猪。氨苯磺胺常用来治疗猪肠道传染病和猪细菌性肺炎，磺胺类药物常用的治疗期是3~5天。

6. 三甲氧苯嘧啶增强的磺胺药物

三甲氧苯嘧啶药物加入到磺胺嘧啶中，加强或提高了磺胺嘧啶的作用效力，用这个复合药物，低水平的剂量就可以达到良好的抗微生物作用。增效磺胺是广谱抗生素，有杀菌作用。这个药物只能从兽医的处方中得到。一般的治疗期应当不超过5天，增效磺胺的停药期是10天。

（二）驱寄生虫药

抗寄生虫药是用于驱除或杀灭体内外寄生虫的药物。根据药物抗虫作用和寄生虫分类，可将抗寄生虫药分为以下几类。

（1）抗生素类。如伊维菌素、阿维菌素、多拉菌素、埃普利诺菌素、美贝霉素肟、莫西菌素、越霉素A和潮霉素

B等。

(2) 苯并咪唑类。如噻苯咪唑、阿苯达唑、甲苯咪唑、芬苯咪唑、康苯咪唑、丁苯咪唑、苯双硫脲、丙氧苯咪唑和三氯苯咪唑等。

(3) 咪唑并噻唑类。如左咪唑和四咪唑。

(4) 四氢嘧啶类。如噻嘧啶、甲噻嘧啶和羟嘧啶。

(5) 有机磷化合物。如敌百虫、哈罗松和蝇毒磷等。

(6) 其他驱线虫药。如哌嗪乙胺嗪、硫胂胺钠和碘噻青胺等。

第五节 病死猪处理及隔离制度

一、隔离制度

隔离就是将猪群置于一个相对安全的环境中进行饲养管理。隔离有利于防疫和生产管理。隔离包括人员隔离、各生产区人员之间、外来人员、进出车辆、引进猪的隔离、病猪隔离。

(一) 猪场建设

1. 猪场选址恰当

距离村镇、交通要道、城市至少500米；远离屠宰场；化工厂及其他污染源；远离其他畜牧场3千米以上；向阳避风、地势高燥、通风良好；水电充足（万头猪场日用水量100~150吨）、水质好、排水方便、交通较方便，最好配套有渔塘、果林或耕地。

2. 猪场布局合理

三区分开并有一定间隔距离，生活管理区、生产配套区（饲料车间、仓库、兽医室、更衣室等）、生产区分开。生产区：配种舍、怀孕舍、保育舍、生长舍、育肥（或育成）舍、装猪台，从上风向下风方向排列。

3. 猪场辅助设施齐备

设立围墙与防疫沟，并建立绿化带；建设兽医室、更衣消毒室、病死猪无害化处理车间；建立隔离舍：病畜隔离舍和引种隔离舍。隔离舍：与生产区要有一定距离；引种隔离舍距生产区至少500米以上，隔离舍一定要在下风口；装猪台：建在生产区围墙外。场内道路布局合理：净道（进料）和污道（出粪）分开。猪场周围禁止放牧，协助当地周围村镇的免疫工作。

4. 新引种猪隔离

感染猪与易感猪之间直接接触是传播疾病最有效的途径。因此对引进猪只进行隔离，可有效避免这样的疾病传播。现提出以下几点隔离意见。

（1）隔离舍应与猪场有一段距离并采用全封闭式的。

（2）隔离场采用全进全出制，批次间要严格清洗、消毒、空栏。

（3）隔离时间在30~60天，最好是60天。隔离观察正常后载猪消毒后进入生产区。

（4）隔离场的工作人员仅在隔离场工作，与其他猪只没有任何接触。

（5）新猪往隔离场运输之前，以及从隔离场转入种猪场之前，本场兽医与原场兽医联系，了解健康状况。

（6）当隔离场猪只血检发现已知病原时，要进一步检查所有猪只。

（7）隔离期间，可对引进猪只进行观察，确保没有疾病迹象之后再转入猪群。

（8）隔离的时候，还可以针对引进猪只的特定病原感染情况进行试验，并针对大群当中已知存在的疾病对引进猪只进行免疫接种。

(二) 人员及车辆隔离

(1) 外来人员。严控外来人员进入生产区。特殊情况，获准进场者一定要消毒方可进入。

(2) 进入车辆。外来车辆严禁进入生产区。运输饲料进入生产区的车辆要彻底消毒。运猪车辆出入生产区、隔离舍、出猪台要彻底消毒。

二、病死猪处理

按照《中华人民共和国动物防疫法》和国家有关规定，严格对病死猪采取"四不一处理"处置措施，即不准宰杀、不准食用、不准出售、不准转运，对病死猪必须进行无害化处理。

(一) 深埋法

深埋法是处理病死猪尸体的一种常用、可靠、简便的方法。将病死猪尸体或附属物进行深埋处理，以彻底消灭其所携带的病原体，达到消除病害因素、保障人畜健康安全的目的。坑应尽可能的深（2~4米），但坑的底部必须高出地下水位至少1米，坑壁应垂直。每头成年猪约需1.5立方米的填埋空间，坑内填埋的肉尸和物品不能太多，掩埋物的顶部距坑的上表面不得少于1.5米。

对于规模养殖而言，该法的缺点：一是处理地点难以寻找；二是挖掘、掩埋成本高，难以确保落实到位；三是存在疫情扩散的隐患；四是不适用于患有炭疽等芽孢杆菌类疫病控制。

(二) 焚烧法

焚烧法是一种高温热处理技术，即以一定的过剩空气量与被处理的有机废物在焚烧炉内进行氧化燃烧反应，废物中的有害有毒物质在高温下氧化、热解而被破坏，是一种可同时实现废物无害化、减量化、资源化的处理技术。焚烧法是指通过氧化燃烧，杀灭病原微生物，把动物尸体变为灰渣的过程。焚烧的难点是烟气和异味处理。

对确认患猪瘟、口蹄疫、传染性水泡病、猪密螺旋体痢疾、急性猪丹毒等烈性传染病的病死猪，常采用此方法。

（1）简易焚化炉。通过燃料或燃油直接对动物尸体进行焚烧处理。此种设备具有投资小、简便易行、焚烧效果较好的优点，为目前小型养殖场广泛采用。

（2）无害化焚烧炉。炉型有脉冲抛式炉排焚烧炉、机械炉排焚烧炉、流化床焚烧炉、回转式焚烧炉和CAO焚烧炉。整套处理系统由助燃系统、焚烧系统、集尘器系统，电控系统4部分组成。以处理量为50~100千克的焚烧炉为例，购买设备的投资在7万元左右，烧一头100千克的猪，花费的油钱、电费需要100多元；而处理量达10吨的集中处理设施，根据钢材厚度的不同，售价一般在100万~200万元。

无害化焚烧炉的优点是彻底、减量。缺点：一是动物尸体需要切割肢解，防疫要求高。二是环保要求，燃烧的过程会产生大量的污染物（烟气），不允许直接排放，包括灰尘、一氧化碳、氮氧化物、重金属、酸性气体等。排放污染物是其他方法的9倍以上。三是耗能高。第一燃烧室温度600℃以上，第二燃烧室温度1 000℃以上，焚烧一次耗油量大。同时工艺复杂，需对烟气等有害产物处理，大大增加处理成本。四是燃烧过程有恶臭（未完全燃烧有机物，如硫化氢、氧化物），影响环境。

（3）化尸窖处理。该法也有叫化尸池、化尸井，是在专门的猪场隔离和病死猪处理区内建设专用的尸体窖，将病死猪尸体抛入窖内，利用生物热的方法将尸体发酵分解，以达到消毒的目的。

实际应用中，对于尸体坑的建设位置及建筑质量有较高的要求，而且处理尸体所需的时间较长，后期管理难度高。化尸窖附近要有"无害化处理重地，闲人勿进""危险！请勿靠近"等醒目警告标志。

（4）化制法。把动物尸体或废弃物在高温高压灭菌处理的基础上，再进一步处理的过程（如化制为肥料、肉骨粉、工业用油、胶、皮革等）。化制法分为干化和湿化两种，干化法是将废弃物放入干化制机内，热蒸汽不直接接触化制的肉尸，而循环于夹层中。湿化法采用高压蒸汽直接与尸组织接触。化制的难点主要是对污水和臭味的处理。

化制是一种较好的处理病死畜禽的方法，是实现病死畜禽无害化处理、资源化利用的重要途径，具有操作较简单、投资较小、处理成本较低、灭菌效果好、处理能力强、处理周期短、单位时间内处理最快、不产生烟气、安全等优点。但处理过程中，易产生恶臭气体（异味明显）和废水，以及设备质量参差不齐、品质不稳定、工艺不统一、生产环境差等问题。

化制法主要适用于国家规定的应该销毁以外的因其他疫病死亡的畜禽，以及病变严重、肌肉发生退行性变化的畜禽尸体、内脏等。化制法对容器的要求很高，适用于国家或地区及中心城市畜禽无害化处理中心，也可用于养殖场、屠宰场、实验室、无害化处理厂、食品加工厂等。

（5）堆肥法。一般在场内实施，在有氧的环境中利用细菌、真菌等微生物对有机物进行分解腐熟而形成肥料的自然过程。病死猪放入堆肥装置后，混合一些堆肥调理剂，大约3个月，死猪尸体几乎完全分解时，翻搅堆肥，即可用作农作物的有机肥料，达到降低处理成本、提高生物安全的目的。一般说来，猪堆肥箱体设计，一般是每0.45千克日平均消耗0.085立方米的总容积（初级箱和次级箱各0.0425立方米）。例如，肉猪场每天90千克消耗，将需要大概8.5立方米的初级箱体和次级箱体。

优点：一是该法能彻底地处理病死猪，处理效果能满足规模猪场需要；二是处理过程为耗氧反应，臭味小，不污染水源；三是不配备大型设施设备，成本一般，易于操作。缺点：一是锯末、秸秆等垫料因未重复使用，需求量相对较大；二是未添加有益微生物，处理时间较长；三是处理效果仅靠业者感觉调整，不精准；四是翻耙工作量相对较大。

此法因堆沤时间较长、处理能力有限，适合中小规模猪场采用。

（6）发酵床生物处理病死猪技术。该法是将病死猪尸体与锯末、稻壳、秸秆等农林副产物组成的垫料混合，使用自源微生物或接种专用有益微生物菌种，营造有益微生物良好的生活环境，通过体内外微生物共同作用来分解病死猪尸体，同时所产生的大量热量将病原微生物和寄生虫虫卵杀灭的一项无害化生物环保技术。流程为混合菌种调整湿度—堆积发酵后填入发酵池—填入死猪、垫料管理—处理完毕、翻耙，补充菌种。从总体看，正常使用3年的生物发酵床其运行过程中由于产生50℃以上的高温，能快速杀灭病毒、细菌。从生物安全角度看，该方法处理病死猪高效、安全。优点：一是该法能彻底地处理病死猪，处理效果能满足不同规模猪场需要，一般肌肉组织彻底分解仅需20天左右；二是处理过程中添加了有益微生物菌种，处理效率显著提升；三是处理时产生大量生物热，平均温度45℃以上，能杀灭病原、虫卵和种子等，疫病扩散风险大大降低；四是处理过程耗氧反应，臭味小，不污染水源；五是垫料可重复利用，无大型装备配置，成本较低，易于操作。缺点：一是垫料翻耙难以保证到位；二是处理操作仅靠业者感觉调整，精准度难控制；三是翻耙工作量相对较大，处理效果有差异。该法因使用了高效的有益微生物菌种，且发酵床面积够大，处理效率较高，取材方便，适合各种规模猪场采用。

（7）病死猪滚筒式生物降解模式。该法是在通过滚筒转动，使垫料、病死猪尸体充分与氧气结合，加快生物发酵进程的一种生物降解法处理病死猪模式。设备主要包括滚筒仓系统、通风系统和控制系统等。设备的生物工程和机械工程的降解处理过程均由电脑自动控制，无需人工操作。目前，设备有不锈钢型和塑料滚筒两类。

该设备处理能力：每组机器根据型号的不同，年处理能力在49~157吨。该模式的优点：一是24小时内彻底处理；二是满足不同规模猪场及病死猪无害化集中处理场点的需要；三是剩余部分分解产物，不用每次添加微生物菌种；四是90℃以上高温，能杀灭病原、虫卵和种子等；五是接入了臭气处理系统，没有臭气污染；六是设备占地面积少，可移动。缺点：一次性设备投入资金大，需要配套尸体破碎设备，运营费用较高。

（8）病死猪高温生物无害化处理一体机。该病死猪处理模式采用降解主机和纳米除臭系统。将病死猪进行粉碎或切成小块，投入降解主机，自动加热，搅拌叶搅动，使病死猪充分与垫料集合；所产生的气体由纳米除臭系统处理，最后形成二氧化碳和水蒸气，由专门排气口排出。尸体在搅拌过程中快速降解，24小时基本降解完毕，48小时基本彻底分解。病死猪高温生物无害化处理一体机优点：一是操作简单，全天24小时连续运作，可随时处理禽畜死体及农场有机废弃物；二是处理速度快，一般36小时即可完全分解成粉末状，有效再生利用；三是采用高温灭菌，处理温度在90℃以上，可消灭所有病原菌；四是安全环保，处理过程中产生的水蒸气自然挥发，无烟无臭无污染无排放，节能环保。缺点：一次性设备投入资金大，运营费用较高。

（9）高温生物降解技术。该病死猪处理模式是在密闭环境中，通过高温灭菌，配合好氧生物降解处理病害猪尸体及废弃物，转化为可产生优质有机肥原料，进一步加工可制成优质有机肥料，达到灭菌，减量，环保和资源循环利用的目的。

优点：能杀灭有害病原体；可将动物整体放入，无需肢解；包括垫料等其他垃圾材料可一起被分解；处理过程中无恶臭气味产生；操控简单，节能环保。

第六章 猪场环境控制

规模化猪场环境控制技术是生猪产业化经营的一个重要环节，包括猪舍内部和外部环境控制，涉及规模化生产的各个环节，对于规模化猪场的持续健康发展有重要意义。

第一节 环境与养猪生产的相互作用

猪的生理特点是：小猪怕冷，大猪怕热，大小猪都不耐潮湿，还需要洁净的空气。因此，规模化猪场猪舍的结构和工艺设计都要围绕着这些特点来考虑。而这些因素又是相互影响、相互制约的。例如，在冬季为了保持舍温，需门窗紧闭，但造成了空气的污浊；夏季向猪体和猪圈冲水可以降温，但增加了舍内的湿度。由此可见，猪舍内的小气候调节必须综合考虑。

一、温度

猪正常生产性能的发挥需要适宜的环境温度，环境温度过高或过低都影响猪的生长和发育。低温会降低饲料的转化率和猪体的抵抗力；高温会使猪的采食量、猪肉品质、母猪繁殖性能、公猪精液品质下降，并易引发中暑。

二、湿度

无论是幼猪还是成年猪，当其所处的环境温度在较佳范围内时，舍内空气的相对湿度对猪的生产性能基本无影响。相对湿度过低时猪舍内容易飘浮灰尘，还对猪的黏膜和抗病力不利；相对湿度过高会使病原体易于繁殖，也会降低猪舍建筑结构和舍内设备的寿命。猪场湿度一般在 40%~75%。过低或过高都易引起呼吸道、消化道疾病，影响饲料的利用率。

三、光照

光照会显著影响仔猪的免疫功能和机体的物质代谢。延长光照时间或提高光照强度，可增强肾上腺皮质的功能，提高免疫力，促进食欲，增强仔猪消化功能，提高仔猪增重速度与成活率；光照对生长肥育猪有一定影响，适当提高光照强度可增进猪的健康，提高猪的抵抗力；但提高光照强度也增加猪的活动时间；光照对种猪的性成熟有明显影响，较长的光照时间可促进性腺系统发育，性成熟较早；短光照，特别是持续黑暗，会抑制性系统发育，性成熟延迟。猪的繁殖与光照密切相关。配种前及妊娠期的光照时间显著影响母猪的繁殖性能。在配种前及妊娠期延长光照时间，能促进母猪雌二醇及孕酮的分泌，增强卵巢和子宫的功能，有利于受胎和胚胎发育，提高受胎率，减少妊娠期胚胎死亡。光照对肉猪的影响不大。

四、空气新鲜度

通风良好有利于排除猪舍内的有害气体（如氨气、硫化氢等）。有害气体浓度过高会抑制猪的生长发育，严重时导致中毒而死亡。

第二节 猪舍的日常清洁

一、人员、车辆清洁消毒设施

凡是进场人员都必须经过温水彻底冲洗、更换场内工作服，工作服应在场内清洗、消毒，更衣间主要设有热水器、淋浴间、洗衣机、紫外线灯等。

二、环境清洁消毒设备

国内外常见的环境清洁消毒设备有以下几种。

(1) 高压清洗机。对水进行加压形成高压水冲洗猪舍的清洗设备。常用的高压清洗机利用卧式三柱塞泵产生高压水。

(2) 火焰消毒。利用煤油燃烧产生的高温火焰对猪舍及设备进行扫烧，杀灭各种病原微生物。

(3) 人力喷雾器。也称手动喷雾器。在养猪场中用于对猪舍及设备的药物消毒常用的人力喷雾器有背负式喷雾器和背负式压缩喷雾器。

第三节 猪舍温度、湿度控制

一、通风系统

设计良好的通风系统，可使猪舍经常保持冷暖适宜、干燥清洁，不但能及时排除舍内的臭味或有害气体，而且还能防止疾风对猪体的侵害。

(1) 自然通风。在自然通风的情况下，猪舍应合理地设计朝向、间距、门窗的大小和位置及屋面结构。一般情况下，单栋建筑物的朝向与当地夏季主导风向垂直，猪舍间距大于2倍猪舍的高度，通风情况最好。但是目前兴建的规模化养猪场都是一个建筑群，要获得良好的自然通风，一般将猪舍的朝向与夏季主导风向成30°左右布置，舍间距约为猪舍高度的3倍以上。自然通风主要靠热压通风，要求在猪舍顶部设置排气管，墙的底部设置进气管。

(2) 机械通风。机械通风有3种方式，即负压通风、正压通风和联合通风。负压通风是指用抽风机抽出舍内污浊空气，让新鲜空气通过进气管进入舍内；正压通风是指用风机将舍外新鲜空气强制性送入舍内，使舍内压力增高，污浊空气经风管自然排除；联合式通风是一种同时采用负压通风和正压通风的方式，适用于大型封闭式猪舍。

现代规模化养猪猪群密度大，舍内环境经常随着猪只的数量、体重及室外气温的变化而改变，有时单靠自然通风是不够的，还要设置必要的机械通风装置，通过风机送风和排风，从而调节猪舍内的空气环境。例如，美国三德公司封闭式猪舍通风系统的在屋顶正中设计垂直通风道并安装蒸发式冷风机，把风送入设置在屋架下弦的水平风道，再经水平风道两侧面的送风口均匀地送到舍内；南北两侧墙上装有排风机，墙的内侧有通气管与排风机相连，这样有助于把接近地面的部分气体抽出，是一种良好的机械通风方式。

二、保温

对猪舍进行合适的保温设计，既可以解决低温寒冷天气对养猪的不利影响，又可以节约能源，夏天还可以隔热和减少太阳的热辐射。因此，在设计猪舍时应尽可能采用导热系数较小的材料修建屋面、墙体和地面，以利保温和防暑。现代化猪舍的供暖，分集中供暖和局部供暖两种方法。集中供暖主要利用热水、蒸汽、热空气及电能等形式。在我国养猪生产实践中，多采用热水供暖系统，该系统包括热水锅炉、供水管路、散热器、回水管及水泵等设备；局部供暖最常用的有电热地板、电热灯等设备。

目前多数猪场采用高床网上分娩育仔，要求满足母猪和仔猪不同的温度需要，如初生仔猪要求 32~30℃，母猪则要求 15~22℃。常用的局部供暖设备是采用红外线灯或红外线辐射板的加热器，前者发光、发热，其温度通过调整红外线灯的悬挂高度和开灯时间来调节，一般悬挂高度为 40~50 厘米；后者应将其悬挂或固定在仔猪保温箱的顶盖上，辐射板接通电流后开始向外辐射红外线，在其反射板的反射作用下，使红外线集中辐射于仔猪卧息区。由于红外线辐射板加热器只能发射不可见的红外线，还须另外安装一个白炽灯泡供夜间仔猪出入保温箱。

三、降温

（1）湿帘—风机降温系统。是一种利用水蒸发降温原理为猪舍进行降温的系统，由湿帘、风机、循环水路和控制装置组成，在炎热地区的降温效果十分明显，是一种现代化的降温系统。

（2）喷雾降温系统。是一种利用高压使水雾化后漂浮在猪舍空气中，以吸收空气的热量使舍温降低的喷雾系统，主要由水箱、压力泵、过滤器、喷头、管路及自动控制装置组成。喷雾降温时，随着气温的下降，空气的含湿量增加。用该系统降温一定时间后（一般为1~2分钟），可达到湿热平衡，舍内空气水蒸气含量接近饱和。此时，地面可能也被大水滴打湿。如果继续喷雾，会使猪舍过于潮湿而产生不利影响，猪越小，影响越大，因此喷头必须周期性地间歇工作。这种舍内呈周期性的高湿，对舍内环境的不利影响相对要小得多。如果舍内外空气相对湿度本来就高，且通风条件又不好时，则不宜进行喷雾降温。喷雾时辅以舍内空气一定流速可提高降温效果。空气的流动可使雾粒均匀分布，加速猪体表、地面的水分及漂浮雾粒的汽化。

（3）喷淋降温或滴水降温系统。是一种将水喷淋在猪身上为其降温的系统，主要由时间继电器、恒温器、电磁水阀、降温喷头和水管等组成。降温喷头是一种将压力水雾化成小水滴的装置。而滴水降温系统是一种通过在猪身上滴水而为其降温的系统，其组成与喷淋降温系统基本相同，只是用滴水器代替了喷淋降温系统的降温喷头。

第四节 粪污处理

一、漏缝地板

现代化猪场为了保持栏内的清洁卫生，改善环境条件，减少人工清扫，普遍采用粪尿沟上设置各种漏缝地板，如漏缝地板有钢筋混凝土板条、钢筋编织网、钢筋焊接网、塑料板块、陶瓷板块等。对漏缝地板的要求是耐腐蚀、不变形、表面平而不滑、导热性小、坚固耐用、漏粪效果好、易冲洗消毒，适应各种日龄猪的行走站立，不卡猪蹄。钢筋混凝土板块、板条，其规格可根据猪栏及粪沟设计要求而定，漏缝断面呈梯形，上宽下窄，便于漏粪。其主要结构参数见下表。金属编织地板网由直径为5毫米的冷拔圆钢编织成10毫米×40毫米、10毫米×50毫米的缝隙片与角钢、扁钢焊合，再经防腐处理而成。这种漏缝地板网具有漏粪效果好、易冲洗、栏内清洁、干燥、猪行走不打滑、使用效果好等特点，适宜分娩母猪和保育猪使用。塑料漏缝地板由工程塑料模压而成，可将小块连接组合成大面积，具有易冲洗消毒、保温好、防腐蚀、防滑、坚固耐用、漏粪效果好等优点，适用于分娩母猪栏和保育猪栏。

表　不同材料漏缝地板的结构与尺寸　　　　单位：毫米

猪群	铸铁		钢筋混凝土	
	板条宽	缝隙宽	板条宽	缝隙宽
幼猪	35~40	14~18	120	18~20
育肥猪、妊娠猪	35~40	20~25	120	22~25

二、舍内粪沟的设计

目前猪舍内的排污设计有人工拣粪粪沟、自动冲水粪沟和刮粪机清粪。为了保证排污彻底而顺畅,设计的粪沟须有足够的宽度和坡度及一定的表面光滑度,自动冲水粪沟还必须有足够的冲水量。粪沟设计的一般情况是:人工拣粪粪沟宽度为25~30厘米、始深5厘米、坡度0.2%~0.3%,主要用来排泄猪尿和清洗水,猪粪则由工人拣起运走;自动冲水粪沟宽度为60~80厘米、始深30厘米、坡度1.0%~1.5%,将猪粪尿收集在粪沟内,然后由粪沟始端的蓄水池定时放水冲走;刮粪机清粪的粪沟宽为100~200厘米、坡度0.1%~0.3%,利用卷扬机牵引刮粪机将粪沟内的猪粪尿清走。

第七章 猪场设备操作与维护

第一节 喂料、饮水及消毒器具的操作及维护

一、喂饲机械设备

(一) 索盘式喂料机

索盘见图 7-1，索盘式喂料机可用于猪的群饲和单栏定量喂饲。索盘式喂料机主要由料箱与驱动装置、索盘、饲槽或食盘、控制系统等组成。

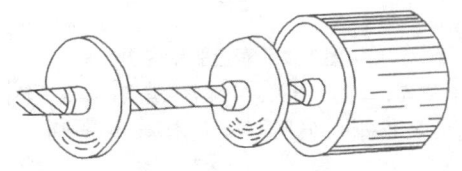

图 7-1 索盘与输料管

索盘和输料管配合使用，常用同一组设备同时完成输料机和喂料机的工作。索盘是由直径为 5~7 毫米的钢丝绳和等距离压注在钢丝绳上的圆形塑料圆盘组成。圆盘直径为 35~50 毫米，间距为 50~100 毫米，线速度为 12~30 米/分钟，索盘式喂料机的驱动装置见图 7-2。它由减速器、驱动轮、张紧轮和导向轮等组成。减速器通过驱动轮带动索盘，张紧轮弹簧可

使张紧轮上移将索盘的钢索张紧，靠近张紧轮有行程开关，当索盘的钢索过松或断开时行程开关会切断电源，使喂料机停止工作，以免发生事故。图7-3表示了采用索盘式输料喂料机的猪舍干饲料喂饲系统。索盘式输料喂料机的工作部件索盘将贮料塔下部料箱内的饲料沿输料管输出，进入位于猪舍上方的环状输料管，通过下料管依次落入各自动饲槽，至最后一饲槽装满后由于料位开关的作用而停止工作。生产率为300~700千克/小时，所需功率为0.75~1.8千瓦，最大输送距离可达500米。

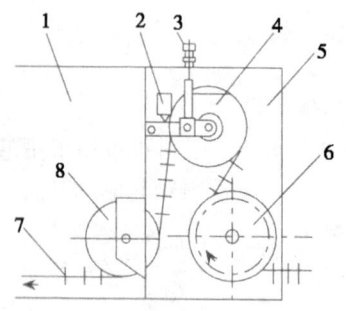

图7-2 索盘驱动装置

1. 料箱；2. 行程开关；3. 张紧轮弹簧；4. 张紧轮；
5. 传动箱；6. 驱动轮；7. 索盘；8. 导向轮

（二）猪用槽

分为限量饲槽和自动饲槽两种。在干饲料喂饲系统中，猪用限量饲槽和喂料机的输料管之间常设有计量箱，用于限量喂饲，饲槽形状合理便于猪的采食和防止饲料损失。

1. 猪用限量饲槽

由于母猪在不同生长繁殖阶段，需要喂饲的饲料量有所不同。因此，采用自动料线供料系统中，要给单栏饲养的每头母

第七章 猪场设备操作与维护

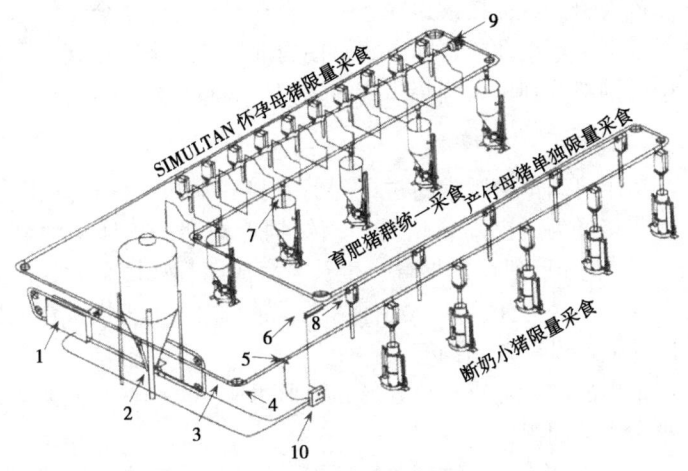

图 7-3 索盘式猪用不限量干料喂料系统
1. 驱动装置；2. 下料斗反馈装置；3. 带链条的输送管道；4. 转角轮；
5. 传感器；6. 自动释放装置；7. 带开关和伸缩管的下料管；
8. 配料器；9. 螺旋驱动电动机；10. 控制器

猪要分别设定给料量，就在每个下料管上设有限料器（图7-4），内部有可调整饲料量的标尺，根据刻度上下调整，饲料

图 7-4 母猪限料器

169

充满该限料器后,接续送往下一个限料器,直到整个系统送完饲料后,采用手动或自动方式,使内部的带绳小球拉起,限料器中的饲料分别进入到每头猪的饲槽中一起采食。

2. 猪用自动饲槽

猪用自动饲槽则常通过下料管直接和喂料机输料管相连。工厂化猪场为了提高日增重,缩短饲养周期,从仔猪哺乳期(补料)直至断奶后的保育、生长、育成期都采用全天自由采食喂养方法。为此,在分娩仔猪栏、保育栏、生长栏、育成栏和肥育栏都设置自动饲槽。

常用的自动饲槽有长方形和圆形两种,每一种又根据猪只大小做成不同规格。

(1) 圆形自动饲槽。饲料圆筒可以上下移动和转动,以便控制和促进饲料下落。通常情况下,自动饲槽的圆筒用不锈铜板制造,而底座则用铸铁或钢筋水泥制造。

(2) 长方形饲槽。还可以做成双面兼用。在两栏中间放一个双面饲槽,节约投资和占地面积,管理也较方便。自动饲槽内的拨料板,除拨动饲料下落外,还有破拱作用,这对气候湿热的地区是很必要的。调节板要调整适当,以保证饲料流落适量。不容易被猪拱出,造成浪费。长方形自动饲槽常用镀锌钢板或冷轧钢板成型,表面喷塑,也可用半金属、半钢筋水泥制造,即底槽、侧板用钢筋水泥,其他调节活动件用金属结构。

自动饲槽有许多优点,自动限制落料,节约饲料,干净卫生。有间隔环限位,自由采食。自动饲槽与输料管道、分配器连接,实现自动送料,节约劳力,便于管理。

(3) 自动干湿料槽。自动干湿料槽可以人工添加饲料,也可采用自动料线加料,适用于不限饲的肥育猪饲养。料筒材料有不锈钢、镀锌铁板和塑料,底座一般采用铸铁制成,因底座重,不易腐蚀,使用寿命较长。在料槽的适当位置安装两个乳头式或鸭嘴式饮水器。猪在采食过程中,可以随时喝到水,而且有部分水落到食槽内,湿料也被猪吃掉。

所以采用自动干湿料槽的优越性:①能刺激采食,促进增重,缩短饲养周期;②可显著节料,提高饲料转化率;③改善猪只两极分化现象;④提高栏舍的使用面积,降低基建成本;⑤显著减小劳动强度,提高劳动生产率30%~40%;此外,还有节水、减少呼吸道疾病、减少粪污排放等优点。因此,经济效益和社会效益显著,在养猪生产中具有推广应用价值。

二、鸭嘴式饮水器

鸭嘴式饮水器供仔猪、育成猪、肥育猪、种猪等饮水使用。鸭嘴式饮水器的特点是水流出缓慢,供水充足,符合猪的饮水要求,工作可靠,不漏水,不浪费水。目前在各类养猪场应用很广。

9SZY型鸭嘴式饮水器由阀体、鸭嘴、阀杆、胶垫、弹簧、卡簧、滤网等组成。

阀体为圆柱形,末端有螺纹,拧装在水管上。阀杆大端有密封胶垫,弹簧将它紧压在阀体上,将出水孔封闭而不漏水。猪饮水时,将鸭嘴含入口内,挤压阀杆使之倾斜,阀杆端部的密封胶垫偏离阀体的出水孔,水则经滤网从出水孔流出,沿鸭嘴流入猪的口腔。鸭嘴式饮水器的材质有铸铜和不锈钢两种,内部的弹簧用不锈钢丝制成。

9SZY型鸭嘴式饮水器有出水孔径为1.5毫米和3.5毫米两种规格,每分钟的水流量分别为2 000~3 000毫升和3 000~4 000毫升。要求主水管的水压低于400千帕。每只鸭嘴式饮水器可供10~15头猪饮水。安装鸭嘴式饮水器时,要求其轴线与地面水平,向下倾角不大于10°。饮水器安装高度:育成猪为250~350毫米，肥育猪为350~450毫米，成年猪为550~650毫米。

三、乳头式饮水器

这种饮水器的构造简单，水中异物通过能力强。它的安装角度即饮水器轴线与地面的夹角，以90°为宜。它安装的高度与鸭嘴式饮水器相同。

乳头式饮水器由阀体、阀杆和钢球组成。阀体根部有螺纹，拧装在水管上。钢球和阀杆靠自重和管内水压落下，与阀体形成两道密封环带而不漏水。猪饮水时，用嘴触动阀杆，阀杆向上移动并顶起钢球，水则通过钢球与阀体之间、阀杆与阀体之间的间隙流出，供猪只饮用。为避免杂质进入饮水器中，造成钢球、阀杆与阀体密封不严，在饮水器阀体根部设有塑料滤网，保证饮水器工作可靠。乳头式饮水器外加一接水盆，猪可以在水盆喝水，没水时触动乳头喝水，减少水的浪费。使用这种饮水器，主管水压不得大于20千帕，若水压过大，猪只饮水会被呛着。每只饮水器的流量为2 000~3 500毫升/分钟，可供10~15头猪饮水。

四、杯式饮水器

9SZB—330型杯式饮水器：它由陶体、阀杆、杯盆、压板、支架、弹簧等组成。猪饮水时，用嘴拱动压板，使阀杆偏斜，阀杆上的密封圈偏离阀体上的出水孔，水则流出至杯盆中，供猪饮用。当猪离开后，阀杆靠水压和弹簧复位，水便停止流出。9SZB型杯式饮水器的杯容量有330毫升和350米两种规格。要求工作水压为70~400千帕，其流量为2 000~3 000毫升/分钟。每只饮水杯可供10~15头猪饮水。

这种饮水器体积小，出水量充足，出水稳定，密封性能好，不射流，杯盆浅，清洗方便，能满足各种猪只的饮水要求，特别适用于仔猪饮水。

五、清洁消毒设备

规模化养猪场，由于采取高密度限位饲养工艺，必须有完善严格的卫生防疫制度，对进场的人员、车辆、种猪和猪舍内环境都要进行严格的清洁消毒，才能保证养猪场高效率安全生产。

（一）人员、车辆清洁消毒设施

原则上凡是进入猪场的人员都必须经过温水淋浴彻底冲洗，更换场内工作服。工作服应在场内清洗消毒，更衣室要设置更衣柜、热水器、淋浴间、洗衣机、紫外线灯等。

规模化猪场原则上应做到场内车辆不出场，场外车辆不进场。因此，装猪台、饲料或原料仓、干粪发酵处理间等须设置在围墙边。有些车辆必须进场的，在猪场大门口设置车辆冲洗消毒池，车身冲洗喷淋机等设备。

（二）环境清洁消毒设备

国内外常用的环境清洁消毒设备有地面冲洗喷雾消毒机、普通喷雾消毒器和火焰消毒器等。各类猪场可根据具体情况选用。

第二节 计量及运输设备的操作及维护

一、检测仪器及用具

规模化猪场常用的检测仪器及用具主要有母猪妊娠诊断器、活体超声波测膘仪、剪耳钳（缺号钳和打孔钳）、耳牌号和耳号钳、赶猪鞭、抓猪器以及常规诊疗仪器设备等（图7-5）。

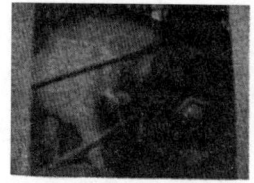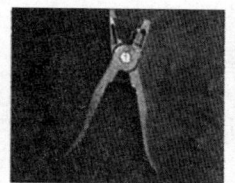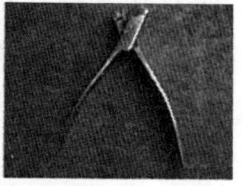

母猪妊娠诊断器（影像）　　耳号钳（左）、剪耳钳（右）

图7-5　检测仪器及用具

二、运输器具

规模化猪场的运输器具主要有仔猪转运车、运猪车、散装料车、投料手推车和粪便运输车等（图7-6）。

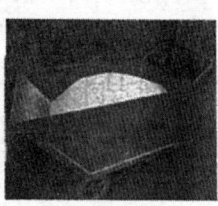

运猪车　　　　　投料手推车　　　　　粪便运输车

图7-6　运输工具

第三节　饲料加工设备的操作及维护

规模化猪场均采用饲料加工成套设备，可分别加工添加剂预混料、全价饲料（粉料、颗粒料），厂家和型号较多，时产1~20吨，可根据猪场具体情况选用。

第四节 温控设备的操作及维护

一、供热保暖设备

规模化猪舍的供暖方式分集中供暖和局部供暖两种。目前，规模化猪场的供热保暖设备大多是针对小猪的，主要用于分娩舍和保育舍，为了满足母猪（17~22℃）和仔猪（30~32℃）不同的温度要求，常对全舍采用集中供暖，维持分娩、哺乳猪舍舍温18℃，而在仔猪栏（仔猪保育区）内设置可以调节的局部供暖设施，保持局部温度达到30~32℃。猪舍的集中供暖主要采用热水、蒸汽、热空气及电能等形式，我国北方猪场多采用热水供暖系统（包括热水锅炉、供水管路、散热器、回水管路及水泵等）和热风机供暖。猪舍的局部供暖常采用电热地板、热水加热地板、红外电热灯及PTC元件加层内热风循环式保温箱和PTC元件箱底供热式保温箱，后两种为目前最好的局部供热保暖设备，其节电、保健效果较好。

二、通风降温设备

为了排除猪舍内有害气体，降低舍内温度和局部调节温度，需要通风换气。通风换气有机械通风和自然通风两种。采用何种通风方式，可根据具体情况而定，猪舍面积小、跨度不大、门窗较多的猪场，为节约能源，可采用自然通风；如果猪舍空间大、跨度大、猪的饲养密度大，特别是采用水冲粪或水泡粪的全漏缝地板养猪场，一定要采用机械强制通风。

猪舍降温常采用水蒸发式冷风机，它是利用水蒸发吸热原理以达到降低温度的目的。因此，这种冷风机在干燥的空气条件下使用，降温效果好；如果环境空气湿度较高时，降温效果稍差。有的猪场采用舍内喷雾降温、滴水降温、水帘降温。采用何种降温方式，要根据本地、本场具体情况而定。

第八章 猪场经营管理

第一节 生产计划及规章制度的建立

制订计划就是对养猪场的投入、产出及其经济效益做出科学的预见和安排;计划是决策目标的进一步具体化,经营计划分为长期计划、年度计划、阶段计划等。

一、计划内容

经营计划的核心是生产计划,制订生产计划时,必须重视饲料与养猪发展比例之间的平衡,以最少的生产要素(猪舍、资本、劳动力等)获得最大经济效益为目标。年度计划包括生产计划、基建设备维修计划、饲料供应计划、物质消耗计划、设备更新计划、产品销售计划、疫病防治计划、劳务使用计划、财务收支计划、资金筹措计划等内容。

二、制定程序

(一)确定总目标

必须确定是单纯养肥猪,还是单纯养种猪或二者兼营;单纯经营养猪业还是以养猪业为主,兼营其他。

(二)盘点清查全部资源

在制订生产计划时,对原有的生产要素及存栏猪种类、数量,饲料的种类、数量等一定要盘清。

(三) 确定具体的生产目标

确定养何种猪、数量、规模、繁殖与饲养周期、饲料种类和数量等,如兼营其他,应确定适宜比例,建立合理的生态结构。

(四) 投资与资金筹集

确定投资总额,固定、流动资金等类别及资金筹集的渠道。

(五) 自给饲料量

拥有土地的养猪场,应确定自给饲料的种类和可提供的饲料数量。

(六) 确定猪的品种和相应的技术

养何种品种,采取的相应技术(饲料、饲养、繁育、防疫等)和产品销售渠道。

(七) 做出盈亏预测和判断

从生产周期的资金流动和资源可用性观点出发,对生产计划的经济可行性进行评价,即根据生产目标与市场情况,做出成本总支出与总产值在经济上盈亏预测和判断。

第二节 档案的建立与管理

国家出台了促进生猪生产相关政策后,农民养猪积极性日益高涨,规模养殖和散户养殖存栏都明显增加。但传统的管理方法不能适应市场发展的要求。为建立增强抵御市场风险能力,有效促进农民持续增收,从生猪养殖规范化管理着手,创造性地实施了生猪档案管理新机制。

第一,在规模以上企业中实行饲养档案管理制度。为每头生猪建立档案,详细记录猪的出生、饲养、防疫、配孕等情况。

第二,积极探索"公司+农户"发展模式,由生猪养殖企业牵头,将生猪散养户组织起来,对生猪进行归档,帮助和指引农民进行科学养殖,形成规模优势,从而实现企业和农户双赢。

第三,县农业部门为全县生猪建立防疫档案,在乡镇建立了动物防疫监督分站,并配备协防员,常年服务于县畜禽养殖户。

生猪档案管理制度的推行,为生猪产业发展提供了科学的管理保障,极大地调动了养猪户的积极性。

第三节 生猪产业政策与生产补贴

2015年中央财政安排生猪调出大县奖励资金35亿元。2016年继续实施。奖励资金管理坚持"引导生产、多调多奖、责权对等、注重绩效"的原则。生猪(牛羊)调出大县奖励资金包括生猪调出大县奖励资金、牛羊调出大县资金和省级统筹奖励资金3个部分。

生猪调出大县奖励资金按因素法分配到县,分配因素包括过去3年年均生猪(牛羊)调出量、出栏量和存栏量,因素权重分别为50%、25%、25%,奖励资金对生猪调出大县前500名给予支持。

支持范围包括:生猪(牛羊)生产环节的圈舍改造、良种引进、污粪处理、防疫、保险、以及流通加工环节的冷链物流、仓储、加工设施设备等方面的支出。

一、奖励对象

奖励对象是生猪调出大县,是指生猪调出量和出栏量符合规定标准的县(县级市、区、旗和农场)。

对达不到规定标准,但对区域内的生猪生产和猪肉供应起着重大影响作用的县(如36个大中城市周边的产猪大县),可以纳入奖励范围。

为增强产业抵御市场风险、维护消费者安全,我国对大型生猪产业化龙头企业(含专业合作社)实施整合生猪产业链,引导产销有效衔接的项目予以支持。此项目由中央财政统一实施,不包括下达至县级财政的奖励资金。

二、奖励原则

生猪调出大县坚持"引导生产、多调多奖、直拨到县、专项使用"的原则,主要以统计系统公开发布的分县分年数据为基础,对统计数据达到规定标准的县予以奖励。

三、奖励依据

奖励资金以生猪调出量、出栏量和存栏量作为测算因素,所占权重分别为50%、25%、25%。分县的生猪出栏量、存栏量按前3年的数据进行算术平均。调出量按生猪出栏量扣除当地生猪消费量计算。

$$调出量 = 出栏数 - 当地消费生猪数量$$

其中,

$$当地消费生猪数量 = (当地农村人口数 \times 农村人均消费猪肉数量 + 当地城镇人口数 \times 城镇人均消费猪肉数量) \div 平均每头猪产肉量$$

四、奖励资金的用途

奖励资金实行专款专用,主要用途如下。

(1)规模化生猪养殖户(场)猪舍改造、良种引进、粪污处理的支出。

(2) 生猪生产方面的支出，包括养殖大户购买种公猪、母猪、仔猪和饲料等的贷款贴息，生猪防疫服务费用及保险保费补助支出，采用先进养殖技术等。

(3) 生猪流通和加工方面的贷款贴息等支出。

(4) 支持生猪产业化龙头企业实施自建基地、帮助合同养殖场（户、合作社）发展生猪生产，建设猪肉产品质量安全可追溯系统，改善加工流通条件等项目的支出。

(5) 规范无害化处理支出。

(6) 经财政部批准的其他支出。

五、奖励资金的申报和拨付

(1) 财政部每年印发申报指南，明确当年申报工作有关规定和要求。

(2) 财政部根据每年地方报送数据及当年奖励资金规模等情况，确定当年生猪调出大县后，按奖励因素及各自所占权重计算，将奖励资金直接分配到县。

生猪调出大县奖励资金通过专项转移支付拨付到省级财政。省级财政在收到奖励资金后，必须在10个工作日内拨付到县级财政及相关企业，不得滞留、截留和挪用。

六、奖励资金的监督管理

(1) 由省级财政部门牵头，会同省级畜牧（或农业）、商务等部门对生猪调出大县奖励资金建立监管制度。对分县的生猪出栏、存栏和调出等基础数据进行动态管理，跟踪数据变化，使生猪调出大县奖优汰劣，有进有出。

(2) 对弄虚作假、截留、挪用等违反财经纪律的行为，一经查实，按《财政违法行为处罚处分条例》（国务院令第427号）等有关规定进行处理，同时将已经拨付的财政补贴资金全额收回上缴中央财政。

第四节 成本核算与效益化生产

养猪产品成本是猪场在生产销售养猪产品过程中所消耗的各种费用的总和，是养猪产品价值的主要组成部分，是衡量养猪企业经营管理水平的重要经济指标。包括饲料费；种猪或仔猪购入费；工资或用工费；光、热水电费；医药卫生防疫费、折旧费；运输费；贷款利息；设备维修维护费；共同生产费；经营管理费；福利费；低值易耗品开支及其他用于生产而产生的费用（工具、研发开发、宣传、培训）等。

养猪生产总成本=饲料费+种猪或仔猪购入费+工资或用工费+光、热水电费+医药卫生防疫费+生产设施折旧费+运输费+贷款利息+设备维修维护费+共同生产费+经营管理费+福利费+低值易耗品开支+其他费用（工具、研发开发、宣传、培训）

单位产品饲料成本：反映生猪产品的饲料消耗程度。

单位产品饲料成本（元/千克）＝饲料费用/猪产品产量。

单位增重成本：指仔猪和肥育猪单位增重成本。

成本（元/千克）＝（猪群饲养成本−副产品价值）/猪群增重。

单位活重成本（元/千克）＝（期初活重饲养成本+本期增重饲养成本+期内转入饲养成本+死猪价值)/[期末存栏猪活重+期内离群猪活重（不包括死猪）]，可分为断奶仔猪活重成本、肥猪活重成本。以某猪场为例。

一、猪场生产情况

该猪场建于1999年，常年存栏基础母猪约500头，猪只常年存栏量为2 500～3 000头，每年可向市场提供育肥猪3 600头左右，仔猪4 400头左右。

2014年12月25日，猪场存栏量为2 813头，其中繁殖母猪492头，后备母猪56头，种公猪30头，育肥猪1 120头，哺乳仔猪585头，保育猪530头。

2015年全年出售育肥猪3 671头、仔猪4 280头、淘汰种猪98头，销售收入分别为245.89万元、103.72万元、10.15万元，合计销售收入为359.76万元。

2015年12月25日，猪场存栏量为2 731头，其中繁殖母猪501头，后备母猪50头，种公猪30头，育肥猪980头，哺乳仔猪560头，保育猪610头。

二、直接生产成本和间接生产成本

猪的生产成本分为直接生产成本和间接生产成本。所谓直接生产成本就是直接用于猪生产的费用，主要包括饲料成本、防疫费、药费、饲养员工资等；间接生产成本是指间接用于猪生产的费用，主要包括管理人员工资、固定资产折旧费、贷款利息、供热费、电费、设备维修费、工具费、差旅费、招待费等。

计算仔猪与育肥猪的生产成本时，只计算其直接生产成本，间接生产成本年终一次性进入总的生产成本。

三、仔猪的成本核算及其毛利的计算

仔猪的成本核算如下。

（1）饲料成本。该猪场2015年用于种公猪、后备母猪、繁殖母猪、仔猪的饲料数量及金额总计分别为784.86吨和101.60万元。

（2）医药防疫费。猪场全年用于种公猪、后备母猪、繁殖母猪、仔猪的防疫费合计3.64万元，药费合计2.94万元。

（3）饲养员工资。饲养员工资实行分环节承包，共有饲养员11人。按转出仔猪的头数计算工资，全年支出工资总额

为9.36万元。

2015年仔猪的直接生产成本合计117.54万元。全年出售仔猪4 280头，转入育肥舍仔猪3 750头，合计8 030头，则平均每头仔猪的直接生产成本为146.38元。

仔猪毛利的计算如下。

2015年销售仔猪4 280头，收入103.72万元。全年转入育肥舍仔猪3 750头，每头按200元（参考市场价格制定的猪场内部价格）转入育肥舍，共75万元。则仔猪的毛利为61.18（103.72+75-117.54）万元，平均每头仔猪的毛利为76.19元。

四、育肥猪的成本核算及其毛利的计算

1. 育肥猪的成本核算

（1）饲料成本。该猪场2015年用于育肥猪的饲料数量及金额总计分别为943.80吨和116.29万元。

（2）医药防疫。在仔猪阶段所有免疫程序已完成，全年药费为0.59万元。

（3）饲养员工资。饲养员工资实行承包制，按出栏头数计算工资，全年支出工资总额为2.20万元。

（4）仔猪成本。转入仔猪成本为75万元。

2015年育肥猪的直接生产成本合计为194.08万元。全年出栏育肥猪3 671头，则平均每头育肥猪的直接生产成本为528.68元。

2. 育肥猪毛利的计算

全年出售育肥猪3 671头，收入为245.89万元。则育肥猪的毛利为51.81（245.89-194.08）万元，平均每头育肥猪的毛利为141.13元。

五、盈亏分析

猪场全年的盈亏额等于仔猪与育肥猪的毛利及其他收入之和减去猪的间接生产成本。因养殖业没有税金,所以不考虑税金问题。

1. 猪的间接生产成本

(1) 管理人员工资。猪场有场长、副场长、技术员、会计各1人,其他工作人员3人,全年支付工资为7.70万元。

(2) 固定资产折旧费。猪场固定资产原值为568.30万元,2015年年末账面净值为454.70万元,全年提取固定资产折旧费28万元(猪舍、办公室等建筑按20年折旧,舍内设备按10年折旧)。

(3) 贷款利息。猪场全年还贷款利息8.70万元。

(4) 其他间接生产成本。猪场全年的供热用煤费为4.60万元,电费为5.13万元。猪舍及设备的维修费用为0.83万元,买工具的费用为0.12万元。差旅费、招待费、办公用品及日用品费等为3.20万元。

猪的间接生产成本合计为58.28万元。

2. 猪场全年的盈亏情况

仔猪毛利为61.18万元,育肥猪毛利为51.81万元,出售淘汰种猪收入为10.15万元,合计123.14万元,减去间接生产成本58.28万元。猪场全年盈利64.86万元。

3. 存栏量的变化对猪场盈亏的影响

在年终分析猪场的盈亏时还要考虑到猪群数量的变化,如果猪群数量增加,则表示存在着潜在的盈利因素,如果猪群数量减少,则表示存在着潜在的亏损因素。因为该猪场的存栏量变化不大,所以盈亏的影响在分析时可忽略不计,但如果猪的仔栏变化较大,在分析盈亏时就必须考虑到这一因素。

六、提高猪场经济效益的措施

分析以上成本核算与盈亏分析的过程,可看出要提高猪场经济效益关键要做到以下几点。

(1)提高每头母猪的年提供仔猪数。提高猪场经济效益最有效的办法就是提高每头母猪的年提供仔猪数。该猪场平均每头母猪年提供的仔猪只有 16 头左右,这个水平还有很大的上升空间。在生产水平比较高的猪场,平均每头母猪年可提供仔猪 18~20 头,甚至 20 头以上。如果按 18 头计算,该猪场每年可多生产仔猪 1 000 头左右,这 1 000 头仔猪与上面 8 030 头相比,在成本上只增加了 1 000 头仔猪的饲料费、医药防疫费和饲养员工资,而其他成本没有增加。增加的这部分成本每头仔猪以 75 元计,如果按 200 元/头转入育肥舍,它的纯利润为 125 元/头,合计 12.50 万元。如果出售,利润会更高。可见提高每头母猪的年提供仔猪数能显著增加经济效益。

(2)降低饲料成本。饲料成本在猪的饲养成本中所占的比例一般都在 70% 左右。该猪场为 74%(不包括购买种猪及仔猪的成本)。降低饲料成本是增加经济效益的有效措施,但同时一定要保证饲料的质量,否则只能适得其反。主要方法是利用多种原料进行合理配合,达到既降低成本,又满足猪只营养需要的目的。

(3)降低非生产性开支。一般来说饲料成本在总成本中占的比例越高,非生产性开支所占的比例越少,说明猪场的管理越好,所以要尽量减少各种非生产性开支,提高经济效益。

第五节 市场预测和销售

一、市场预测

制订财务预算的依据,是猪场年度生产计划和产品市场预测。根据生产计划和产品的市场预测，预测猪场计划年度内生产周转的资金流量和维持生产正常周转的资金需求，为企业正常运转预作融资计划；更重要的是对猪场的生产计划作出财务评估，为领导决策和成本控制提供财务依据。

财务预算不应仅局限于财务业务本身，应在财务预测的基础上，充分预估计划期内可能出现的影响生产经营的各种环境变化因素，并制订应对预案，充分发挥财务服务、指导和预警、监督生产经营的功能。

财务预算的主要内容如下。

（1）固定费用。又称固定成本，是猪场正常运行每年必需的费用支出。

（2）变动费用。又称变动成本，是猪场运行过程中为生产而投入的各项直接费用。

（3）销售预测。根据市场供需动态，预测年度生产计划产品的销售价格。在宏观经济 CPI 基本稳定的情况下，可根据前 3 年平均销售价格作为预测参数。

（4）盈亏临界点分析。盈亏临界点，是指企业收入和成本相等时的特殊经营状态，即边际贡献（销售收入总额减去变动成本总额）等于固定成本时，企业处于既不盈利也不亏损的状态。盈亏临界点分析也称保本点分析：首先，它可以为企业经营决策提供在何种业务量时企业将盈利，或在何种业务量时企业会出现亏损等总体性的信息；也可以提供在业务量基本确定的情况下，企业降低多少成本，或增加多少收入才不至于亏损的特定经济信息。盈亏临界点也可以为企业内部制定经济责任目标管理提供依据。

盈亏临界点销售量＝固定成本÷（单价－单位变动成本）

盈亏临界点销售额＝单价×盈亏临界点销售量

例如，某商品猪场每月固定成本 80 000 元，预测期内每生产一头商品肉猪的变动成本为 800 元，预估出栏每商品肉猪的平均销售收入为1 000元（单价），则：

月保本销售量=80 000÷(1 000-800)=400(头)

月保本销售额=1 000×400=400 000(元)

在上述条件下，该猪场的盈亏临界点是月销售商品肉猪400头或月销售收入40万元，提高效益的途径是降低变动成本和增加商品肉猪出栏量（当然也可压缩非生产人员等以减少固定成本）。

（5）影响利润的因素。影响猪场利润的因素有产品销售量、产品销售价格、变动成本和固定成本4个方面，各因素的变化都会引起利润的变化，但其影响的方向和程度各不相同。一般情况下，利润与前两个因素呈正相关，与后两个因素呈负相关，也就是管理学上常提的"增产节约、增收节支"；在适度生产规模下，通过提高劳动效率和设备利用率，以扩大产量、降低单位产品直接工资支出和折旧等制造费用支出；压缩非生产人员，可以降低固定成本；产品销售价和原料采购价受环境影响较大，但通过加强市场信息管理，可以采购到相对质优价廉的饲料等原料和选择适当的渠道、争取到商品猪最好的销售价和出栏时段；通过精细化管理，提高猪产量和饲料利用率，这对降低变动成本和提高利润的影响最大。

二、产品营销

营销是指企业通过市场出售自己的产品，在实现产品的价值和使用价值过程中，所进行的计划、组织和控制等一系列活动的总称。搞好产品流通，对企业本身的生存、发展和社会的需求具有重要意义。

(一) 产品营销的意义

（1）联系企业生产和社会需要，实现企业生产目的。在生产的总过程中，生产是起点，消费是终点，分配和交换是中间环节（包括产品销售过程）。猪的流通是连接生产和消费不可缺少的重要一环，可促进生产，引导消费，吞吐商品，平衡供求，合理组织货源和营销，以缓解供需不平衡的矛盾。

（2）加速流通和资金周转，提高经济效益。如产品销售不畅造成积压，必然影响资金周转和正常生产，使企业陷入困境。只有搞好产品营销，才能加快资金周转，提高资金利用率，增加经济效益。

（3）改善经营状况，提高管理水平。企业的生产经营活动是由生产、分配、交换和消费等环节组成的，其中一个环节受阻，必然影响全局，必须搞好营销，扩大销售范围，提高竞争能力，面向市场，主动适应买方市场的需要。

(二) 营销的原则

（1）主动性。如生产的产品靠企业自身推销，就必须增强主动性，掌握市场信息，了解消费者的需要；正确分析本企业的产品在市场上的地位、占有率、竞争力；搞好市场定位，积极开拓市场；搞好售后服务，提高信誉和市场占有率。

（2）灵活性。产品销售受企业内外多种因素的制约，必须灵活地选择市场和流通渠道，选择适宜的交货方式、付款方式、推销方式，及时调整价格，以利产品销售。

（3）用户至上。企业要以服务为宗旨，端正经营作风，如实介绍产品的性能、质量，严防弄虚作假、坑害用户和不择手段谋求非法利润的错误倾向。

（4）经济效益。产品营销既要重视眼前，更要放眼未来，一定要看到长远利益，关键要在增加产量、降低成本、提高销量、减少销售环节、缩短销售渠道、降低销售成本等方面下功夫，争取获得好的经济效益。

(三) 流通渠道

产品的销售需要经过一定的途径和渠道，称此途径和渠道为销售渠道或流通渠道。参与销售活动的单位和个人，如批发